ZEITSCHRIFT FÜR ANGEWANDTE GEOLOGIE

HERAUSGEGEBEN VOM
ZENTRALEN GEOLOGISCHEN INSTITUT
IM AUFTRAG DES
STAATSSEKRETARIATS FÜR GEOLOGIE

AUS DEM INHALT

R. Meier, W. Bartmann,
M. G. Waljaschko & N. S. Kusajewa
Die Rubidiumverteilung in Hartsalz/Carnallitit-Übergängen des Kaliflözes Staßfurt in der Deutschen Demokratischen Republik

G. W. Rudakow
Über die Natur der Erdölporphyrine am Beispiel des Wolga—Ural-Gebiets

F. Häfner
Anwendung der instationären Strömungstheorie auf Probleme der frühzeitigen Vorratseinschätzung in Erdgaslagerstätten

L. E. Lewin & E. Chain
Die tektonischen Voraussetzungen und Besonderheiten der Erdöl-Erdgas-Akkumulation im System des Weltozeans

Ch. Geissler
Zur Isotopenanalyse des organischen Kohlenstoffs geologischer Proben

AKADEMIE-VERLAG · BERLIN

BAND 17 / HEFT 11
NOVEMBER 1971
SEITE 449—496

PREIS: 6,— M
Sonderpreis DDR: 2,— M

	INHALT	СОДЕРЖАНИЕ	CONTENTS	
MEIER, R., W. BARTMANN, M. G. WALJASCHKO & N. S. KUSAJEWA	Die Rubidiumverteilung in Hartsalz/Carnallitit-Übergängen des Kaliflözes Staßfurt in der Deutschen Demokratischen Republik	Распределение рубидия в переходах твердая каменная соль-карналлит в пласте калийных солей Штасфурт в Германской Демократической Республике	The Distribution of Rubidium in Transitions from Hard Salt to Carnallitite of the Stassfurt Potash Seam in the German Democratic Republic	449
KAPUSTIN, I. N.	Die Rolle des tektonischen Faktors bei der Bildung der Salzkuppelstrukturen. Dargestellt am Beispiel der Norddeutschen Senke	Роль тектонического фактора в формировании соляно-купольных структур (на примере Северо-Германской впадины)	Role of the Tectonic Factor in the Formation of Salt Dome Structures. Illustrated by the North German Depression	454
RODIONOWA, K. F., & S. P. MAKSIMOW	Kriterien der Diagnose von Erdöl-Erdgas-Muttergesteinen	Критерии диагностики нефтегазоносности	Criteria for Diagnosing Oil and Gas Mother Rocks	460
RUDAKOW, G. W.	Über die Natur der Erdölporphyrine am Beispiel des Wolga—Ural-Gebiets	О природе порфиринов нефтей на примере района между Волгой и Уралом	On the Nature of Oil Porphyrines, Illustrated by the Volga—Ural District	464
HÄFNER, F.	Anwendung der instationären Strömungstheorie auf Probleme der frühzeitigen Vorratseinschätzung in Erdgaslagerstätten	Применение теории нестационарного течения для проблем оценки запасов на газовых месторождениях на ранних стадиях работ	The Instationary Theory of Flow as Applied to Problems of an Early Estimate of Resources in Natural Gas Deposits	465
LEWIN, L. E., & E. CHAIN	Die tektonischen Voraussetzungen und Besonderheiten der Erdöl-Erdgas-Akkumulation im System des Weltozeans	Тектонические предпосылки и особенности нефте-газовой аккумуляции в системе мирового океана	The Tectonic Prerequisites and Peculiarities of the Oil and Gas Accumulation within the System of the World Ocean	475
GEISSLER, CH.	Zur Isotopenanalyse des organischen Kohlenstoffs geologischer Proben	К изотопному анализу органического углерода геологических проб	Isotype Analysis of Organic Carbon in Geological Samples	484
KURDJUKOW, A. A.	Die Redoxeigenschaften von Gesteinen, die neben Schwarzschiefern mit Uranvererzung liegen	Восстановительные свойства пород, расположенных рядом с черными сланцами с урановым оруденением	The Redox Properties of Rocks Lying near Black Schists with Uranium Mineralization	488
SCHARFMAN, W. S.	Die Kennzeichen von Schlot- und schlotnahen Zonen an erodierten Paläovulkanen	Признаки жерла и прижерловых зона эродированных палеовулканах	The Characteristics of Vent and Near-Vent Zones on Eroded Palaeovolcanoes	490

Buchbesprechungen, Informationen, Kurznachrichten 492

Die ZEITSCHRIFT FÜR ANGEWANDTE GEOLOGIE berichtet ständig über folgende Arbeitsgebiete: Geologische Grundlagenforschung und Lagerstättenforschung / Methodik der geologischen Erkundung / Ökonomie und Planung der geologischen Erkundung / Technik der geologischen Erkundung / Geologie und Lagerstättenkunde im Ausland. In der Zeitschrift können alle strittigen Fragen der praktischen Geologie behandelt werden. Die Autoren übernehmen für ihre Aufsätze die übliche Verantwortung.

ZEITSCHRIFT FÜR ANGEWANDTE GEOLOGIE

Träger der Ehrennadel in Gold der Gesellschaft für Deutsch-Sowjetische Freundschaft

KOLLEKTIVE CHEFREDAKTION

Dr. K. KAUTER (Redaktionssekretär)
Prof. Dr. F. STAMMBERGER
Dr. habil. G. TISCHENDORF

BAND 17 · NOVEMBER 1971 · HEFT 11

Die Rubidiumverteilung in Hartsalz/Carnallitit-Übergängen des Kaliflözes Staßfurt in der Deutschen Demokratischen Republik

R. MEIER, W. BARTMANN, Berlin, M. G. WALJASCHKO & N. S. KUSAJEWA, Moskau

(Mitteilung Nr. 174 aus dem Zentralinstitut Physik der Erde, Berlin)

1. Einleitung und Problemstellung

Carnallitite und verschiedene, in sich jeweils gesetzmäßig verknüpfte sulfatische Sylvingesteine (Hartsalze) sind die Hauptgesteine des Kaliflözes Staßfurt der Zechstein-Serie 2. Nach feinstratigraphischen und petrographischen Arbeiten der letzten Jahre sind die Carnallitite als primäre Gesteine aufzufassen, aus denen sich partiell noch vor Ablagerung des nachfolgenden Schichtglieds, des Grauen Salztons (T3), durch vorherrschende aszendente, aber auch durch deszendente Umlösung sulfatische Sylvingesteine und Vertaubungen zu entwickeln beginnen (s. u. a. MÖTZING 1966, MEIER 1965, 1969b, DÖHNER 1968). Von besonderem Interesse sind die Übergänge der Hauptgesteinstypen. Im folgenden wird über die Rb-Verteilung in solchen Übergängen berichtet, die Br-Verteilung zum Vergleich herangezogen und unsere Schlußfolgerung zur Genese des Hartsalzes mitgeteilt.

2. Zur Geologie des Kaliflözes Staßfurt (K2)

Das K2 wird in eine Liegend- und eine Hangendgruppe geteilt (TINNES 1928). Die weitere Untergliederung erfolgt bereits seit ROZSA (1913) durch sogenannte Steinsalzleitbänke, die durch Kalisalzzwischenmittel verschiedener Mächtigkeit getrennt sind. Die feinstratigraphische Unterteilung der Zwischenmittel ist ebenfalls möglich (MEIER 1965, 1969a, 1969b). Im Arbeitsgebiet (Abb. 1.) ist im Subherzynen Becken nur die Hangendgruppe wirtschaftlich kalisalzführend; im Unstrut-Kalirevier beginnt die wirtschaftliche Ausnutzbarkeit bereits in der oberen Liegendgruppe.

3. Stand der Rb-Untersuchungen im Kaliflöz Staßfurt

Der Nachweis von Rb in Kalisalzmineralen gelang erstmals ERDMANN (1862) und HAMMERBACHER (1875). Tab. 1 vermittelt einen Überblick über Rb-Bestimmungen an Kalisalzmineralen deutscher Lagerstätten und ist darüber hinaus durch sicher nicht vollständig zitierte Angaben aus anderen Quellen ergänzt. Die in der Tabelle angegebenen Werte für das K2 besitzen überwiegend den Mangel, daß sie nicht feinstratigraphisch beziehbar sind. Erst R. O. HOFFMANN (1964) hat sich bei der Probenahme für seine geochemischen Untersuchungen an ein grobes feinstratigraphisches Gerüst gehalten.

Da der stratigraphische Feinbau des K2 bei den bisherigen Rb-Untersuchungen zu stark vernachlässigt wurde, sind auch die Verknüpfungsmöglichkeiten theoretischer Arbeitsergebnisse (u. a. JANDER & FABER 1929; JANDER & BUSCH 1930; KÜHN 1955, 1963, 1968) mit den konkreten, aus der Lagerstätte stammenden Rb-Werten noch nicht sehr günstig. Für die Diskussion unserer Werte sollen Modelle von KÜHN (1968) und HOFFMANN (1964) herangezogen werden.

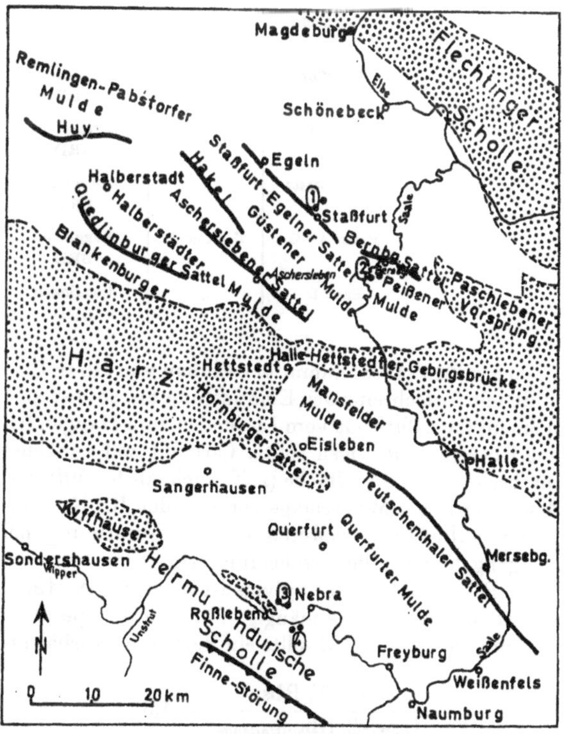

Abb. 1. Lage der untersuchten Kalischächte innerhalb der regionaltektonischen Situation (nach HEIMLICH 1964)

1 – Schachtanlage Berlepsch/Maybach; 2 – Schachtanlage Bernburg-Gröna; 3 – Schachtanlage Roßleben I/II; 4 – Schachtanlage Georg-Unstrut

Eingang des Manuskripts in der Redaktion: 20. 5. 1971.

Tab. 1. Rb-Verteilung in Kaliflözen verschiedener Kalisalzlagerstätten

Autor	Flöz	Alter	Herkunft	Rb in Carnallit (%)				Rb in Sylvin (%)			
				Prob.	Min.	Max.	Ø	Prob.	Min.	Max.	Ø
ERDMANN (1862) HAMMERBACHER (1875)	Erstbestimmungen			qualitativ							
WILKE-DÖRFURT & HEYNE (1912)	Staßfurt	Zechstein 2	Aschersleben DDR	?	0,024 0,017	0,036 0,025	0,0310				
D'ANS (1950)	Staßfurt	Zechstein 2	Teutschenthal DDR	?			0,0090				
LADYNINA & ANOSHIN (1962)		Perm	Obere Kama UdSSR		0,0012	0,045	0,0178		0,0038	0,0080	0,0058
HOFFMANN (1964)	Staßfurt	Zechstein 2	Südharz (DDR)	75	0,0048	0,0534	0,0101	67	0,0015	0,0398	0,0041
	,,	,,	Roßleben (DDR	4	0,0114	0,0231	0,0107	20	0,0016	0,0016	0,0054
	,,	,,	Berlepsch (DDR)	31	0,0044	0,0339	0,0093	–	–	–	–
	,,	,,	Staßfurt (DDR)	16	0,0063	0,0089	0,0075	–	–	–	–
BRAITSCH (1965)	Sylvinit a. d. Basis d. Flözes	U.-Oligozän	Buggingen (BRD)	–	–	–	–	?	0,0470	0,0067	0,0057
	Sylvinit unter Carnallitit	,,	,,	–	–	–	–	?	0,0093	0,0141	0,0117
	Sylvinit innerh. des Carnallitits	,,	,,	–	–	–	–	?	0,0183	0,0252	0,0216
	Carnall.-Region	,,	,,	?	0,0013	0,0020	–	–	–	–	–
KÜHN (1968)	Evaporit-Formation	Oberdevon	Saskatchewan (Kanada)	15 15	0,0090	0,0170	0,0132				
	Staßfurt	Zechstein 2	Königshall BRD	2	0,0090	0,0090	0,0090	13	0,0014	0,0037	0,0014
	Ronnenberg	Zechstein 3	Ronnenberg BRD	–	–	–	–	20	0,0060	0,0160	0,0104
	Mittelflöz	,,	Ronnenberg BRD	–	–	–	–	5	0,0060	0,0160	0,0110
	Flöz Albert	,,	Ronnenberg BRD	–	–	–	–	6	0,0240	0,0480	0,0410
	Flöz Silberstr.	,,	Ronnenberg BRD	–	–	–	–	3	0,0110	0,0470	0,0350
	Bänke A – C	U.-Oligozän	Buggingen BRD	–	–	–	–	15	0,0041	0,0077	0,0057
	Bank D	,,	Buggingen BRD	–	–	–	–	2	0,0111	0,0131	0,0121

Nach KÜHN (1968) nimmt der Einbau von Rb in Carnallit mit fortschreitender Eindunstung ab, so daß sich in einem Carnallititflöz vom Liegenden zum Hangenden eine Rb-Abnahme zeigen sollte. Carnallit soll zunächst durchschnittlich die 17fache (z. T. auch 30- bis 50fache) Menge der in der Mutterlauge vorliegenden Rb-Konzentration aufnehmen, wodurch ihre Rb-Verarmung bei Fortgang der Carnallitausscheidung erklärt sei.

Die Rb-Aufnahme des Sylvins ist nach KÜHN (1968) nur wenig temperaturabhängig. Für den Temperaturbereich von 30° bis 80 °C sollte ein Verteilungsverhältnis

$$\frac{\text{Gew.-\% Rbsy}}{\text{Gew.-\% Rb}_{\text{Mutterlauge}}} = 1{,}3$$

bestehen, was bei primären Sylvingesteinsprofilen einen etwa gleichbleibenden Rb-Gehalt im Sylvin erwarten läßt. KÜHN folgert für primären Carnallit und Sylvin, die aus der gleichen Mutterlauge hervorgingen, ein paragenetisches Rb-Verhältnis von etwa 30:1.

HOFFMANN (1964) rechnet u. a. mit einem Modell, das bei statischer Eindunstung von Meerwasser bei 25 °C die vollständige Reaktion von Lösung und Bodenkörper berücksichtigt. Für den zuerst entstehenden Carnallit ergibt sich ein Rb-Gehalt von 19,3 mg/100 g $KCl \cdot MgCl_2 \cdot 6H_2O$. Die Carnallithauptabscheidung wird durch einen Wert von 8,1 mg Rb/100 g Carnallit charakterisiert; in der Endphase dieses Stadiums sollen noch 5,2 mg Rb/100 g Carnallit auftreten.

Der Carnallit im K2 sollte, da er in seiner Masse während der Hauptabscheidung gebildet wurde, nach diesem Modell einen Rb-Gehalt von 8,1 mg/100 g enthalten. Natürliche und Modellbedingungen berücksichtigend, zählt HOFFMANN (1964) Carnallite mit Rb-Gehalten bis 12 mg/100 g noch zu den primär entstandenen Ausscheidungen.

Die Modelle von KÜHN und HOFFMANN lassen eindeutig die Abnahme der Rb-Gehalte vom Liegenden zum Hangenden bei Carnallititprofilen erwarten. Die konkreten Werte aus dem K2 bestätigen aber diese Voraussagen nicht. HOFFMANNs Rb-Werte zeigen, soweit ihre feinstratigraphische Einordnung sicher ist, stets einen Anstieg vom Liegenden zum Hangenden des K2. HOFFMANN erklärt diesen Widerspruch dadurch, daß der liegende Teil des Carnallitits im K2 ein kainitisches Umwandlungsprodukt ist, das sich nach Erreichen des Punktes R (im quinären System) bildete.

4. Die Methode der Rb-Bestimmung

Die Bestimmung des Rb-Gehalts wurde an fraktionierten Salzmineralproben (Sylvin und Carnallit) am Lehrstuhl für Geochemie der Lomonossow-Universität in Moskau durchgeführt. Die Ermittlung der Rb-Gehalte erfolgte nach der flammenphotometrischen Methode. Das Prinzip dieser Methode besteht darin, daß die zu analysierende Lösung als Aerosol durch einen Spezialzerstäuber zunächst in die Flamme eines Azetylenbrenners gebracht wird. Dabei entstehen in der Flamme Linienspektren von den in der zu untersuchenden Lösung enthaltenen Elementen. Mittels eines Monochromators wird dann die Spektrallinie des Rb vom Linienspektrum der anderen Elemente getrennt und gelangt auf einen Strahlungsempfänger, in diesem Falle den Photovervielfacher FEU-22, der die Strahlungsenergie in einen elektrischen Strom umwandelt. Die geringen elektrischen Ströme werden mit einem Galvanometer gemessen.

Als Monochromator wurde der Zeiss-Dreiprismenspektrograph ISP-51 verwandt. Zur Bestimmung des Rb diente die Spektrallinie mit einer Wellenlänge von 794,8 nm.

Die Rb-Bestimmung wurde nach der Zuschlag- (oder Zusatz-) Methode durchgeführt. Diese Methode schließt mögliche Fehler aus, die durch eine ungleiche Bruttozusammensetzung der Proben- und Standardlösungen entstehen, weil letztere selbst als Probenlösungen mit Zuschlägen des zu bestimmenden Elements dienen.

Als technische Angabe zum Zeiss-Dreiprismenspektrographen ISP-51 sei die Spaltbreite angegeben: Eingang 0,06 mm, Ausgang 0,06 mm.

Der Fehler liegt bei der Zuschlagmethode zwischen 6 und 10%.

5. Die Carnallitit/Hartsalz-Übergangstypen und die Probenahme in ihnen

Im Subherzynen Becken und im Unstrut-Kalirevier lassen sich im K2 folgende Carnallitit/Hartsalz-Übergangstypen unterscheiden (Abb. 2):

- 1a: Hartsalz über Carnallitit (dominierend im Subherzynen Becken);
- 1b + c: Carnallitit bzw. Trümmercarnallitit über Hartsalz (im Unstrut-Kalirevier vorherrschend);
- 2: horizontale Carnallitit/Hartsalz-Übergangsbereiche.

Diese Übergangstypen sind vor allem dadurch gekennzeichnet, daß die Stoffänderung von Carnallitit zu Hartsalz innerhalb zeitgleicher Schichten erfolgt. Sie können tektonisch überprägt sein, wobei die tektonische Beeinflussung in manchen Fällen so weit gesteigert sein kann, daß stratigraphisch nicht zusammengehörende Carnallit- und Sylvingesteine aneinandergrenzen. Derartige Vorkommen werden hier nicht berücksichtigt. Bei den Übergangstypen 1a und 1b, in denen Hartsalz und Carnallitit bzw. Carnallitit und Hartsalz übereinander folgen, ist die Stoffänderung innerhalb zeitgleicher Schichten erst unter Berücksichtigung eines größeren Profilausschnitts erkennbar. Sie sind also Sonderfälle des Typs 1c. Die Typen 1a und 1b können auch verknüpft auftreten, indem über einem liegenden Hartsalzfuß Carnallitit folgt, der wiederum von einem meist geringmächtigeren Hartsalz überlagert werden kann. Während die Typen 1a bis 1c stets nur Teile des K2 betreffen, erfassen die horizontalen Übergänge (Typ 2) das Lager in seiner gesamten Mächtigkeit.

Für die Rb-Untersuchungen wurden die Proben einmal aus den unmittelbar benachbarten Carnallit- und Sylvingesteinen entnommen, zum anderen wird ein Bereich zwischen 10 und 300 cm beiderseits der Grenzlinie berücksichtigt.

6. Auswertung der Rb-Untersuchungen

Hartsalz/Carnallitit-Übergänge (Typ 1a in Abb. 2)

Dieser Übergangstyp zeigt im Teilbereich Hartsalz über Carnallitit. Er ist vorwiegend in den Schachtanlagen des subherzynen Beckens aufgeschlossen. Ohne Beachtung größerer Aufschlußbereiche könnte in ihm Hartsalz als eine normal lagernde jüngere Bildung angesehen werden.

Die Rb-Verteilung bietet folgendes, durchschnittliches Bild (siehe auch Tab. 2): An der Grenze beider Gesteine besitzt der Sylvin einen Rb-Gehalt von 4,3 mg; mit zunehmender Entfernung von der Grenzlinie (80 bis 125 cm) steigt dann im Hartsalz der Rb-Gehalt auf 5,4 mg/100 g Sylvin an.

Im Carnallitit beträgt der Rb-Wert zunächst 18,3 mg/100 g Carnallit, um dann zum Liegenden (bei 10 bis 50 cm unterhalb der Grenzlinie) auf 13,8 mg und schließlich 50 bis 300 cm unter der Grenze gegen das Hartsalz auf

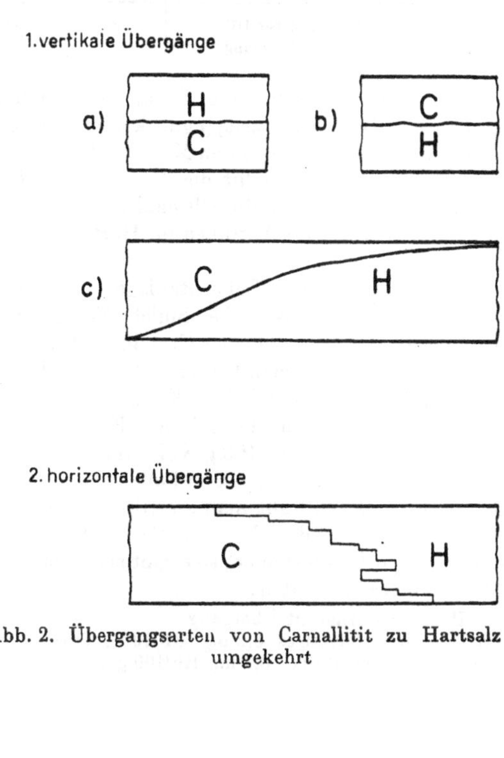

Abb. 2. Übergangsarten von Carnallitit zu Hartsalz und umgekehrt

Tab. 2. Rb- und Br-Verteilung im Bereich der Carnallitit/Hartsalz-Übergänge

Übergangsart	Schachtanlage	Rb in Carnallit (mg/100 g Carn.)				Rb in Sylvin (mg/100 g Sylvin			
		Prob.-Zahl	Min.	Max.	ø	Pr.	Min.	Max.	ø
	Bernburg/Gröna am Übergang	3	12,8	21,1	18,3	5	Sp	6,0	4,3
	10–50 cm vom Überg. entfernt	6	11,0	26,2	13,8	–	–	–	–
	80–125 cm vom Überg. entfernt	–	–	–	–	2	5,1	5,8	5,4
Hartsalz über Carnallitit	50–300 cm vom Überg. entfernt	6	1,5	15,0	8,3	–	–	–	–
	Georg/Unstrut am Übergang	1	–	–	20,0	2	5,0	5,0	5,0
	10–50 cm vom Überg. entfernt	3	10,0	16,0	13,3	1	Sp	Sp	Sp
	50–100 cm vom Überg. entfernt	1	–	–	9,0	1	–	–	5,8
	Bernburg/Gröna am Übergang	3	7,5	13,4	11,0	2	0,6	1,4	1,0
	10–20 cm vom Überg. entfernt	2	2,5	13,6	7,4	–	–	–	–
	30–110 cm vom Überg. entfernt	–	–	–	–	3	2,5	8,0	5,3
	Georg/Unstrut am Übergang	4	9,0	20,0	13,3	4	Sp	Sp	Sp
Carnallitit über Hartsalz	20–30 cm vom Überg. entfernt	3	5,0	16,0	7,0	–	–	–	–
	10–40 cm vom Überg. entfernt	–	–	–	–	4	Sp	Sp	Sp
	Roßleben I/II am Übergang	6	16,0	28,0	23,0	5	2,0	8,0	6,0
	10–50 cm vom Überg. entfernt	5	15,0	24,0	18,8	–	–	–	–
	15–90 cm vom Überg. entfernt	–	–	–	–	4	2,0	5,9	4,0
Carnallitit neben Hartsalz	Roßleben I/II am Übergang	3	15,0	19,0	16,5	4	Sp	4,0	2,7

8,3 mg/100 g Carnallit abzusinken. Da dieses Verhalten streng für jeden 1-a-Übergangstyp gilt, kann für ihn ein sehr deutliches Abweichen von den Modellen festgestellt werden; sie hätten im Carnallit die Zunahme der Rb-Werte zum Liegenden und ihr Gleichbleiben oder ihr (wenn auch geringfügiges) Absinken im Hartsalz gefordert.

Im Unstrut-Kalirevier (Schachtanlage Georg/Unstrut) sind beim Übergangstyp 1a ähnliche Verhältnisse anzutreffen. An der Grenze beider Gesteine beträgt der Rb-Gehalt pro 100 g Carnallit zunächst 20 mg, 10 bis 50 cm darunter 13,3 mg und 50 bis 300 cm unterhalb der Grenze 9,0 mg. Sylvin im Hartsalz am Kontakt zum Carnallitit führt 5,0 mg Rb/100 g KCl; weiter entfernt finden sich nur Rb-Spuren, in einem Falle jedoch 5,8 mg Rb/100 g KCl (Tab. 2). Faßt man die Rb-Gehalte nach der Entfernung von der Hartsalz/Carnallitit-Grenze geordnet für Typ 1a zusammen, so ergibt sich folgendes durchschnittliches Verhalten:

direkter Hartsalz/Carnallitit-Übergang:
im Sylvin des Hartsalzes 5,2 mg Rb/100 g Sylvin; im Carnallit des Carnallitits 18,7 mg Rb/100 g Carnallit;
10 bis 125 cm vom Hartsalz/Carnallitit-Übergang enfernt:
im Sylvin 5,4 mg Rb/100 g Sylvin;
10 bis 50 cm vom Hartsalz/Carnallitit-Übergang entfernt:
im Carnallit 15,2 mg Rb/100 g Carnallit;
50 bis 300 cm vom Hartsalz/Carnallitit-Übergang entfernt:
im Carnallitit 8,4 mg Rb/100 g Carnallit.

Carnallitit/Hartsalz-Übergänge (Typ 1b in Abb. 2)

Typ 1b zeigt im Detail ebenfalls eine vertikale Abfolge, nur daß Carnallitit über Hartsalz liegt. Die Grenze zwischen beiden Gesteinen erscheint also „horizontal".

Verglichen mit den zitierten Modellen besitzen die Rb-Werte des Carnallits ein „modellkonformes" Verhalten, jedoch weist die regionale Unterschiedlichkeit der Durchschnittsgehalte (s. Tab. 2) auf nicht unbedingt unverändert gebliebene primäre Carnallitite hin, was besonders in den hohen Rb-Gehalten des Carnallits in Übergängen des Typs 1b der Schachtanlage Roßleben I/II zum Ausdruck kommt. Die Rb-Verteilung im Sylvin der Hartsalze befindet sich, bezogen auf Typ 1b, in keiner Übereinstimmung mit den Forderungen des Modells von KÜHN (1968).

Neben den angeführten Übergangstypen von Hart

salz und Carnallitit treten, jedoch relativ selten, solche Übergänge auf, die das K2 in seiner ganzen oder im größten Teil seiner Mächtigkeit mehr oder weniger senkrecht vom Liegenden zum Hangenden durchziehen. Aus einem derartigen Übergang führt Tab. 2 Werte an, die den höchsten Rb-Gehalt für Carnallit und Sylvin am unmittelbaren Kontakt beider Gesteine ausweisen und die Abnahme der Rb-Werte beiderseits der Grenzlinie mit zunehmender Entfernung vermuten lassen, also für Übereinstimmung mit der Rb-Verteilung im Typ 1a sprechen. Leider war aus Aufschlußgründen eine eingehendere Beprobung nicht möglich.

7. Ergebnisse der Rb-Untersuchungen und ihr Vergleich mit der Br-Verteilung

Die Rb-Verteilung zeigt deutliche Abhängigkeit von den verschiedenen Carnallitit/Hartsalz-Übergangstypen. Beim Carnallit sind jeweils die höchsten Rb-Werte am unmittelbaren Kontakt zum Hartsalz feststellbar. Mit zunehmender Entfernung vom Übergang ist ihr Absinken nachzuweisen. Beim Typ 1a erfolgt die Rb-Abnahme zum Liegenden, beim Typ 1b zum Hangenden. Eine Übereinstimmung mit den theoretisch abgeleiteten Rb-Werten (HOFFMANN) für Carnallit ergibt sich andeutungsweise erst bei größerer, bei jedem einzelnen Übergang jedoch unterschiedlicher Entfernung vom Kontakt Carnallitit gegen Hartsalz.

Die Rb_{Sylvin}-Verteilung kann nach den vorliegenden Werten nur vorsichtig interpretiert werden. Eine Zunahme der Rb-Gehalte vom Übergang fort könnte allgemeine Tendenz sein, doch reicht das vorliegende Material für eine sichere Beurteilung noch nicht aus. Andererseits steht die Unterschiedlichkeit der Rb_{Sylvin}-Werte im Widerspruch zu den Forderungen des KÜHNschen Modells für primären Sylvin, nach dem die Rb-Gehalte praktisch gleichbleibend sein sollten. Auch wird das paragenetische Verhältnis $Rb_{Carnallit}$ zu Rb_{Sylvin} von 30:1 nicht annähernd erreicht.

Nach BRAITSCH (1962) ist mit primärem Carnallit zu rechnen, wenn der $Br_{Carnallit}$-Gehalt größer als 0,25% ist. Nach HOFFMANN (1964) liegt primärer Carnallit bei Rb-Gehalten von 5 bis 12 mg/$100_{Carnallit}$ (Hauptmenge 8,1 bis 12 mg Rb/100 g Carnallit) vor. Solche $Br_{Carnallit}$- und $Rb_{-Carnallit}$-Werte treten bei unseren Proben in gegenseitiger Ergänzung nur in größerer Entfernung von den Grenzlinien gegen das Hartsalz auf. Aus unseren Werten geht hervor, daß Rb-Gehalte, die für eine primäre Bildung des Carnallits sprechen, verknüpft sind mit Br-Gehalten, die eine gleiche Aussage zulassen, was auf gewisse Zuverlässigkeit der benutzten Modelle in bezug auf Carnallit und auf die genetische Aussagekraft von Rb und Br hinweist.

Beim Sylvin des Hartsalzes der Übergänge fehlt sowohl ein paragenetisches Rb- als auch Br-Verhältnis im Vergleich zum benachbarten Carnallit.

Die Verknüpfung der Untersuchungsergebnisse der Rb-Verteilung und die Resultate geologischer und petrographischer Arbeiten (u. a. MEIER 1969a) sprechen übereinstimmend für die sekundäre, aus der Umwandlung von Carnallitit resultierende Bildung der Hartsalze im K2 des germanischen Zechsteins.

Zusammenfassung

An Carnallitit/Hartsalz-Übergängen des Kaliflözes Staßfurt wurde die Rubidiumverteilung untersucht. Die Probenahme beschränkte sich auf einen Bereich von maximal 3 m beiderseits der scharf ausgeprägten Gesteinsgrenzen. In den so bestimmten Flözausschnitten zeigt die vorliegende Rubidiumverteilung keine Übereinstimmung mit den zum Vergleich herangezogenen Modellen nach KÜHN bzw. HOFFMANN. Sie spricht, unterstützt durch die Bromverteilung, für eine sekundäre Bildung von Hartsalz aus Carnallitit.

Резюме

Исследовалось распределение рубидия в переходах от карналлитита к твёрдой соли („хартзальц“) в пласте калийных солей Штасфурт. Отбор пробы ограничивался участком в 3 м в обе стороны от резко выраженных границ горных пород. В определённых таким образом участках пласта данное распределение рубидия не соответствует применённым по Кюну и Гофманну моделям. Подтверждённое распределением брома оно свидетельствует о вторичном образовании твёрдой соли („Хартзалц“) из карналлитита.

Summary

The distribution of rubidium was investigated along transitions from carnallitite to hard salt of the Stassfurt potash seam, with sampling confined to a maximum zone of 3 m on both sides of the strongly marked rock boundaries. The distribution of rubidium in the sections thus determined of the seam did not correspond with the models by KÜHN and HOFFMANN, respectively, used for comparative purpose. Supported by the distribution of bromine, it speaks in favour of a secondary formation of hard salt („Hartsalz“) from carnallitite.

Literatur

D'ANS: Die Gewinnung von Rubidium aus Carnalliten und seine Bedeutung neben Kalium. – Angew. Chemie, 62, 118–119 (1950).

BRAITSCH, O.: Entstehung und Stoffbestand der Salzlagerstätten. – Min. und Petrogr. in Einzeldarst., Bd. III, 232 S., Springer-Verlag Berlin, Göttingen, Heidelberg 1962.

– Rubidium und Brom als Indikatoren der Bildungsbedingungen der Oberrhein-Kalisalze. – III. Intern. Kalisympos. Magdeburg 1965, VEB dt. Verl. Grundstoffind., Leipzig.

DÖHNER, CH.: Der Grenzbereich zwischen Staßfurtflöz und Grauem Salzton im Südharz-Kalirevier und seine genetische Deutung. – Unveröff. Diss. Bergakad. Freiberg 1968.

ERDMANN, E.: Vorkommen von Rubidium und Caesium in Carnallit. – Journ. prakt. Chemie, 86 (1862).

HAMMERBACHER, F.: Über das Vorkommen von Thallium in Carnallit. – Liebigs Annalen der Chemie, 176 (1875).

HEYNE, G.: Über Eisenchlorüberdoppelsalze des Rubidiums und Caesiums und Untersuchungen über das Vorkommen und die Verteilung des Rubidiums in deutschen Kalisalzlagerstätten. – Diss., Göttingen 1912.

HOFFMANN, R. O.: Die diadoch eingebauten Spurenelemente in den Kalisalzen des Staßfurt-Kalilagers Mitteldeutschlands, insbesondere das Vorkommen und die Verteilung des Rubidiums. – Unveröff. Diss. Humboldt-Univ. Berlin 1964.

JANDER, G., & F. BUSCH: Über die Gewinnung von Rubidium- und Caesiumpräparaten aus dem Carnallit II. – Z. anorg. u. allg. Chemie, 187, 165 (1930).

JANDER, G., & H. FABER: Über die Gewinnung hochwertiger Rb-Präparate aus Carnalliten. – Z. anorg. u. allg. Chemie, 179, 321 (1929).

KÜHN, R.: Über den Bromgehalt von Salzgesteinen, insbesondere die quantitative Ableitung des Bromgehaltes nichtprimärer Hartsalze oder Sylvinite aus Carnallitit. – Kali u. Steinsalz, 1, 3–16, Essen 1955.

– Rubidium als geochemisches Leitelement bei der lagerstättenkundlichen Charakterisierung von Carnalliten und natürlichen Salzlösungen. – Neues Jb. Min., Mh., 107–115, Stuttgart 1963.

– Geochemistry of German potash salts. – Special Paper of the U.S. Geol. Surv., Int. Saline Conference Housten (Texas) 1962, Colo. Special Paper, 88, 701 pp (1968).

– Der Einfluß mineralogisch-geochemischer Untersuchungen auf die Vorstellungen zur Bildung von Kalisalzlagerstätten. – Ber. dt. Ges. geol. Wiss., B, Min. Lagerstättenforsch., 13, 2, 193–271, Berlin 1968.

LADYNINA, I. N., & G. H. ANOSHIN: Einige Gesetzmäßigkeiten der Verteilung von Rubidium, Thallium und Brom beim Vorgang der Bildung von sulfatischen Salzablagerungen. – Akad. Nauk SSSR, Sibir. Sekt. Geol. und Geophys., 3, 64–74 (1962) (russ.).

MEIER, R.: Beitrag zur Geologie des Kalilagers Staßfurt (Zechsteins 2) im Subherzynen Becken. – Diss. Humboldt. Univ. Berlin 1965. In: Beih. Geologie, 18, Bd. 65, 99 S., Berlin 1969 [1969a].

– Petrographische Differentiation im Kalilager Staßfurt des deutschen Zechsteins und ihre Gesetzmäßigkeiten. – Westnik Moskowskowo Universiteta, Geologie, 4, S. 71–76 (1969) [1969b] (russ.).

MÖTZING, R.: Untersuchungen am Kopf des Kalilagers „Flöz Staßfurt“ im Nordharz- und Unstrut-Kaligebiet unter besonderer Berücksichtigung des Decksteinsalzes und des Tonanhydrits. – Unveröff. Diss. Karl-Marx-Univ. Leipzig 1966.

ROZSA, M.: Daten zur Kenntnis des organischen Aufbaus der Staßfurter Salzablagerungen. – Kali, 7, 143 u. 242, Halle 1913.

TINNES, A.: Die ältere Salzfolge Mitteldeutschlands unter besonderer Berücksichtigung des Unstrutgebietes. – Arch. Lagerstättenforsch., H. 38 (1928).

WALYASHKO, M. G.: Geochemische Gesetzmäßigkeiten der Entstehung der Kalisalzlagerstätten. – Verl. Moskauer Univ. (dt. Übers.: Zentr. Forsch.-Stelle Kaliind., Inst. Chemie und Technologie d. Mineralsalze der techn. Hochsch. Chemie Leuna-Merseburg, Ms. 1964).

Die Rolle des tektonischen Faktors bei der Bildung der Salzkuppelstrukturen

Dargestellt am Beispiel der Norddeutschen Senke

I. N. KAPUSTIN, Moskau

Die Fragen des Bildungsmechanismus, der Baubesonderheiten und der Gesetzmäßigkeiten der räumlichen Anordnung der Salzhebungen auf dem Territorium der Norddeutschen Senke werden schon jahrelang untersucht. Es bestehen zwei Ansichten zur Frage der Ursachen der Entstehung dieser Salzstrukturen: die atektonische und die tektonische. Die Anhänger der ersteren bringen die Bildung der Salzhebungen mit autonomen Bewegungen des Salzes in Zusammenhang, die unter der Wirkung von Kräften erfolgen, die durch die salzführenden Gesteine selbst hervorgerufen wurden und mit tektonischen Vorgängen in keinerlei Zusammenhang stehen. Die Natur der Kräfte, die diese Bewegungen hervorrufen, ist unterschiedlich. Eine Zunahme des Volumens der salzführenden Folge in bestimmten Bereichen kann bei der Eindampfung ozeanischer Wässer in durch Sandnehrungen abgeschnürten, halbgeschlossenen Lagunen erfolgen; sie kann entstehen, wenn unterirdische Wässer oder Prozesse der Metamorphose, die in den Salzgesteinen bei Umwandlung des Gipses in Anydrit verlaufen, auf das Salz einwirken u. a.

Zu Beginn des 20. Jahrhunderts entwickelte S. ARRHENIUS eine isostatische (Gravitations-)Hypothese, welche die Bildung der Salzhebungen mit der Wirkung der Schwerkraft infolge des geringeren gewogenen Mittels des Volumengewichts des Salzes (2,2 g/cm^3) gegenüber den darüberliegenden Schichten erklärte (das gewogene Mittel des Volumengewichts der normalen Gesteine der sedimentären Hülle beträgt sogar im Fall wenig verfestigter sandig-toniger Sedimente im Durchschnitt etwa 2,4 bis 2,6 g/cm^3 und darüber).

Ende der fünfziger Jahre schlug TRUSHEIM (1957, 1960) die „halokinetische" Hypothese der Entstehung und Bildung der Salzhebungen vor, wobei er die Ergebnisse der seismischen Untersuchungen zugrunde legte, die in der Norddeutschen Senke zahlreiche Salzstrukturen nachgewiesen hatten, und wobei er auch die alten Vorstellungen über eine autonome Salzbewegung revidierte. Die „Halokinese" ist jener Komplex von Prozessen, die zur Bildung von Salzstrukturen unter der Wirkung regionaler und lokaler Verlagerungen des Salzes führen, hervorgerufen durch seine selbständige isostatische Bewegung. „... Wir glauben jedoch zeigen zu können, daß die Mehrzahl der bisher der saxonischen Tektonik und der germanotypen Faltung[1]) zugeschriebenen Strukturformen ..., soweit sie ein Muttersalzlager von mehr als 300 m im Untergrund besaßen, allein durch aktive und autonome Bewegungen des den Schwerkraftgesetzén unterworfenen Salzes ohne erkennenswerte Beteiligung orogener Kräfte gedeutet werden kann", und die deshalb „eine verblüffende Ähnlichkeit der Strukturen in weit voneinander entfernten Gebieten zur Folge haben" (TRUSHEIM 1957). Nach der „halokinetischen" Hypothese erlangt das Salz den plastischen Zustand und die Fähigkeit zum Fließen erst dann, wenn seine Mächtigkeit gleich oder größer als 300 m ist, es sich unter einem Druck der darüberliegenden Gesteine von mindestens 1000 m Mächtigkeit befindet und die monoklinale Neigung des subsalinaren Bettes größer ist als 1°. Sobald in einem bestimmten Abschnitt diese notwendigen Bedingungen erreicht werden, beginnt das Salz ohne jeden Einfluß äußerer Faktoren und ohne Zuführung äußerer Energie zu fließen. Nach dieser ersten Bewegung erfolgt eine Kettenreaktion, die zur Entstehung verschiedener Formen der Salzstrukturen führt, die durch ihr Erscheinen bestimmte Stadien der „Halokinese" fixieren. Ihre Bildung sieht folgendermaßen aus: Das Salz der Staßfurt-Serie des Zechsteins beginnt zu fließen, und seine Akkumulationen bilden Salzkissen, zwischen denen in der Abströmzone des Salzes zu den Scheiteln die primären Kompensationsrandsenken entstehen; wenn die Akkumulation des Salzes andauert und ihr Maßstab einen bestimmten Umfang überschreitet, wird das Hangende durchbrochen, das Salz steigt auf, und es entstehen Diapire und die sie begleitenden sekundären Kompensationsrandsenken. Aus dem Prinzipschema der Verbreitung der verschiedenen Typen von Salzhebungen (TRUSHEIM 1957) ist ersichtlich, wie in Abhängigkeit von der Zunahme der Anfangsmächtigkeit der salzführenden Folge und der gleichzeitigen Zunahme der Lagerungstiefe des subsalinaren Bettes eine allmähliche Verdrängung der weniger aktiven Strukturformen durch aktivere erfolgt.

Die genetische Reihe hat folgende Gestalt: Die Salzkissen, die an den Rändern des Zechsteinbeckens in Gebieten einer relativ geringen primären Salzmächtigkeit und nicht zu tiefer Lagerung des subsalinaren Bettes auftreten, werden gesetzmäßig von Salzdiapiren rundlicher Form abgelöst, die eine Zwischenstellung einnehmen; in den zentralen Teilen des Zechsteinbeckens, d. h. in Gebieten mit maximaler primärer Salzmächtigkeit und erheblicher Lagerungsteufe des subsalinaren Bettes, liegen die linear gestreckten Salzwälle. Am Prinzipschema über die Verbreitung der verschiedenen Typen der Salzhebungen wird gezeigt (TRUSHEIM 1957), daß jeder Diapir in seiner Entwicklung zuerst das Bildungsstadium des Salzkissens durchläuft, dann das Übergangsstadium vom Salzkissen zur Entstehung eines Salzdiapirs und schließlich das Bildungsstadium des Salzdiapirs.

Aus: „Iswestija wysschich utschebnych sawedenij", Geologija i raswedka, Nr. 12, S. 42–48, Moskau 1970.

Übers.: Dipl.-Min. WOLFGANG OESTREICH, ZGI, Berlin.

[1]) Unter saxonischer Tektonik versteht TRUSHEIM den Tafelentwicklungszyklus der Norddeutschen Senke (das Entstehen neuer oder das Wiederaufleben alter Bruchstörungen), in dessen Verlauf eine Faltung vom Tafeltyp (germanotyp) erfolgte.

Nach der zweiten Ansicht wird die Bildung der Salzstrukturen als das Ergebnis der Wirkung tektonischer Tiefenprozesse betrachtet. Am Beispiel des rumänischen Teils der Karpatenvorsenke erklärte L. MRAZEK als erster die Entstehung der Salzstockstrukturen durch die Wirkung eines tangentialen Druckes.

H. STILLE (1911a, 1911b, 1925, 1926) maß den Prozessen der Tiefentektonik, d. h. jenen Kräften, deren Wirkung die Bildung von Dislokationen (Falten- und Bruchdislokationen) in allen Gesteinen, einschließlich der salzführenden, hervorruft, die entscheidende Bedeutung in der Entstehung der verschiedenen salztektonischen Formen bei. STILLE bringt die Entstehung der Salzhebungen mit Tangentialbewegungen in Zusammenhang, deren Wirkung ein Fließen des Salzes nur zu bestimmten Strukturbereichen des subsalinaren Bettes hin hervorruft — zu den Scheiteln der Hebungen oder zu Bruchstörungszonen hin, wo die „Geburt" der Salzkerne vor sich geht. Die Akkumulation der Salzmassen an den letzteren bewirkt die Entstehung von Salzhebungen und die weitere Herausbildung von Salzstockstrukturen (Auspressen des Salzkerns nach oben).

Eine bestimmte Rolle weist STILLE den Bruchstörungen in den Hangendgesteinen als Faktoren zu, die diese Gesteine schwächen und damit die mobilen Möglichkeiten (Bewegungsmöglichkeiten) des Salzes erhöhen. STILLE bringt den gesamten Entwicklungsprozeß der Salzhebungen mit regionalen tektonischen Bewegungen in Zusammenhang, und die Unterschiede der morphologischen Formen erklärt er mit den Unterschieden der physikalisch-mechanischen Eigenschaften der Gesteine, die das Salz überdecken, wobei letzterem eine passive Rolle zugewiesen wird. Diese These wird durch die Gesetzmäßigkeit in der räumlichen Orientierung der Salzstrukturen im zentralen und südlichen Teil der Norddeutschen Senke sowie in der subherzynen und Thüringer Mulde bestätigt. Diese Gesetzmäßigkeit wird insbesondere durch das Auftreten zweier Dislokationssysteme — des rheinischen (NNE—SSW) und des herzynischen (WNW—ESE) — bestätigt.

Das Fundament der Norddeutschen Senke, die eine große Tafelstruktur vom Typ einer in NW—SE-Richtung gestreckten Syneklise darstellt, besteht aus einem System verschieden geneigter Blöcke mit ungleicher Konfiguration, die durch tiefgehende regionale Brüche getrennt werden. Für die nördliche und südliche randnahe Zone der Senke, die markant ausgeprägtes herzynisches Streichen aufweisen, ist ein gestaffeltes Absinken der Schichten vom Zentrum der Senke nach Systemen tektonischer Blöcke und Stufen kennzeichnend. Die zentrale, am stärksten abgesunkene Zone ist dadurch charakterisiert, daß neben den herzynischen auch rheinische Streichrichtungen auftreten, die quer zur allgemeinen Orientierung verlaufen (v. GÄRTNER & PORT 1964; KÖLBEL 1964; BRINKMEIER 1957; WIENHOLZ 1967). Die Analyse der natürlichen geophysikalischen Felder — des Schwerefeldes (SIEMENS 1953) und des erdmagnetischen Feldes (LAUTERBACH 1954) — läßt vermuten, daß im östlichen Teil der Norddeutschen Senke regionale Brüche zweier Richtungen auftreten, und zwar der Richtungen NW—SE und NE—SW (Abb. 1).

Die Oberfläche des submarinen Bettes liegt auf dem zu beschreibenden Territorium in Tiefen von über 4,0 km, und nur im äußersten Süden steigt sie jäh zur Tagesoberfläche an (Abb. 2). Der am stärksten abgesunkene Bereich, der sich von NW nach SE zwischen den Salzhebungen Rehna—Rüthing, Groß-Wellnitz und Marnitz erstreckt, wird von der Isohypse — 5,0 km begrenzt. Im Bereich vieler Salzstrukturen wurden in den subsalinaren Ablagerungen durch seismische Erkundungsarbeiten Hebungen oder Bruchzonen festgestellt, offensichtlich vom Typ der Verwerfungen (KONONOW 1966; KONONOW & RIESCHE 1964; MEINHOLD & REINHARDT 1967; RENTZSCH, LUDWIG & MEYER 1967; WIENHOLZ 1967).

Die intensive Durchbiegung der Norddeutschen Senke während des Oberen Perms führte zur Akkumulation salzführender Schichten, deren primäre Mächtigkeit wahrscheinlich 2000 m erreichte. Das Akkumulationsgebiet der maximalen Salzfolgen liegt für die Norddeutsche Senke in ihrem zentralen Teil, innerhalb des Hannoverschen Beckens. Die primären Salzmächtigkeiten in diesem Gebiet betragen 1500—1700 m.

Die heutigen, bereits durch salztektonische Bewegungen erzeugten Salzmächtigkeiten im östlichen Teil der Norddeutschen Senke betragen im Durchschnitt 1500—2000 m.

Im Bereich von Salzstrukturen nehmen sie rasch auf 1500—2000 m zu, und in einigen Salzkissen (Marnitz, Krakow, Malchin und Fresendorf) überschreiten sie 2500 m (MEINHOLD & REINHARDT 1967). In der Zone der hauptsächlichen Entwicklung von Salzdiapiren, einem Bereich, der etwa zwischen Gülze—Sumte im Westen und Bad Wilsnack und Barenthin im Osten und zwischen Schlieven und Marnitz im Norden und Aulosen im Süden liegt (Abb. 3), gehen die heutigen Salzmächtigkeiten nicht über 200 m hinaus. Das hängt mit dem erheblichen Abströmen des Salzes in die Diapire hinein zusammen. Jedoch unmittelbar innerhalb der Diapire selbst, die in dieser Zone liegen, nimmt die Mächtigkeit des Salzes rasch zu, und die Höhe der Salzstöcke beträgt 3000—3500 m.

Die Struktur des über dem Salinar gelegenen Komplexes (besonders in seinem unteren Teil) hängt eng mit dem Charakter der Salzoberfläche zusammen. Im regionalen Plan ist das Liegende der über dem Salz befindlichen Schichten durch ein stark gegliedertes Relief gekennzeichnet und besteht aus Hebungen verschiedener morphologischer und genetischer Typen, die bisweilen eine erhebliche Amplitude erreichen (über 1,0 km), und recht tiefen Einsenkungen (Abb. 3). Die Lagerungstiefe der Salzoberfläche in den Scheiteln der lokalen Hebungen geht nicht über 2,0—2,4 km hinaus. In den Einsenkungen nimmt sie Werte bis 4,2—4,5 km an. Im südlichsten Bereich steigt das Liegende dieses Komplexes erheblich an und liegt in Teufen von 1,0 bis 0,2 km (MEINHOLD & REINHARDT 1967).

Innerhalb der durch die Salztektonik erzeugten lokalen Hebungen lassen sich im östlichen Teil der Norddeutschen Senke nach der Form des Salzkörpers, der Intensität und dem Charakter des Durchbrechens durch die überdeckenden Gesteine sowie nach dem Verhältnis zum Komplex über dem Salz zwei morphologisch und genetisch unterschiedliche Gruppen aushalten, nämlich die nichtdurchgebrochenen (Salzantiklinalen) und die durchgebrochenen (Salzdiapire). Die Salzantiklinalen sind Strukturen mit tiefliegendem Salzkörper, der die

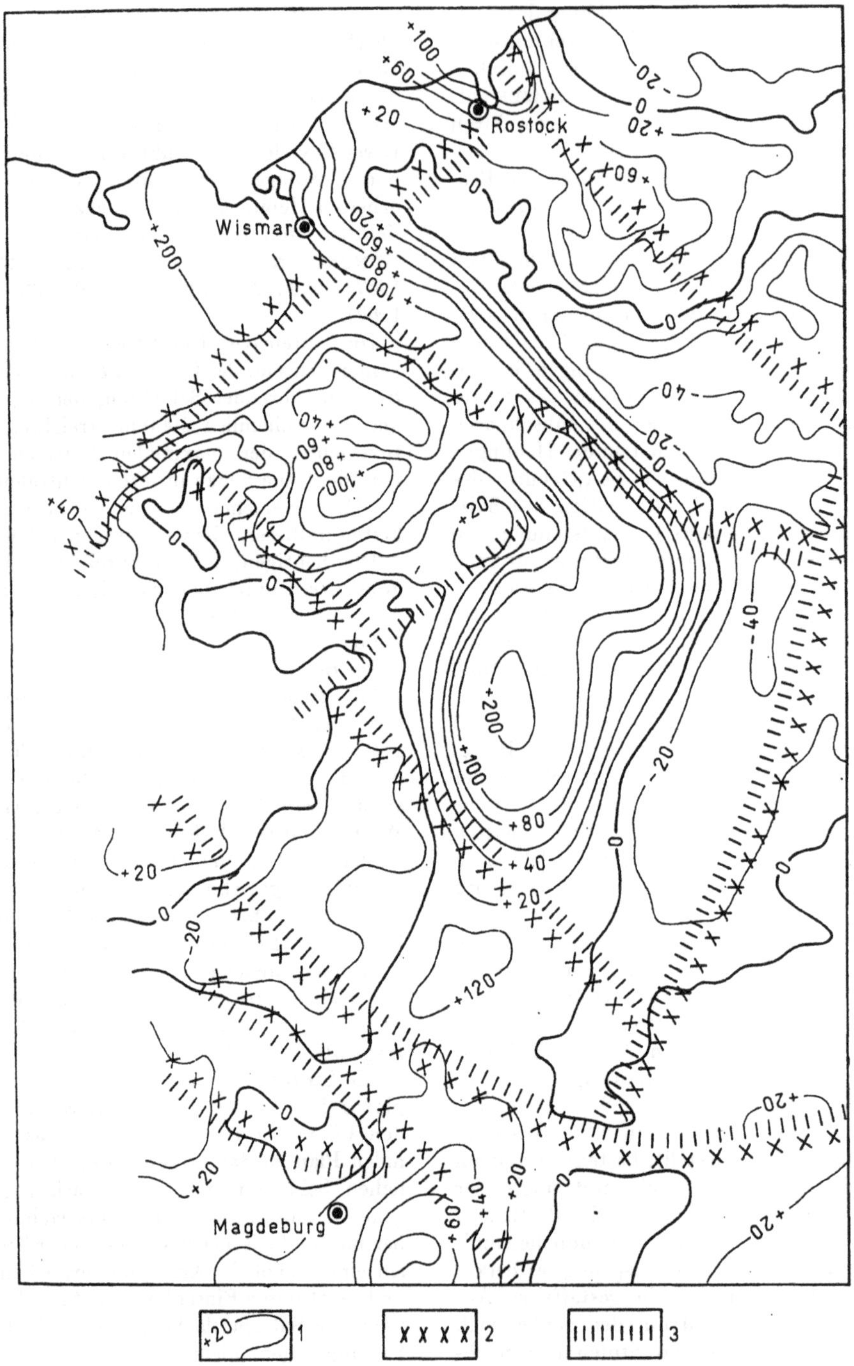

Abb. 1. Lageschema der regionalen Brüche
1 – ΔT_a-Isodynamen; 2 – Schwerkraftgradienten (Gravitationsstufen); 3 – regionale Brüche

ihn überdeckenden Ablagerungen nicht durchbricht, sondern lediglich die verschiedenen, auf dem Salz befindlichen Horizonte (Trias und jüngere Sedimente des Mesozoikums und Känozoikums) anhebt und deformiert, wodurch eine ruhige, mehr oder minder konkordante Antiklinalbiegung entsteht. Die Salzdiapire sind Strukturen, gekennzeichnet durch einen massiven Salzkörper, der einen erheblichen Umfang aufweist, wodurch er das Hangende durchbricht, von den triadischen und jüngeren Schichten des Mesozoikums bis zu den känozoischen. Je nach den Abmessungen (Verhältnis von Breite und Länge) werden innerhalb der durchbrochenen Hebungen gerundete und längliche Diapire unterschieden, bei den nichtdurchbrochenen dementsprechend Salzkissen und Salzketten. Die Grundsätze ihrer Aufstellung sowie eine kurze Kennzeichnung jedes Typs gaben W. A. BUSCH u. a. (1970).

In der räumlichen Anordnung der Salzkissen sind die folgenden Gesetzmäßigkeiten zu beobachten. In Zonen regionaler Brüche sind sie konkordant zu diesen orientiert. Mit wachsender Entfernung von den Brüchen verschwindet diese Gesetzmäßigkeit, und ihre Orientierung nimmt Mosaikcharakter an. Einer der charakteristischen morphologischen Züge dieser Strukturen ist das Höhenniveau ihres geschlossenen Umrisses. Bei den Salzkissen, die über Zonen regionaler Brüche liegen, ist die Amplitude in der Regel höher. Beispiele dafür sind: Fresendorf und Göritz (über dem Bruch) und das von ihm entfernter liegende Schwaan—Karow; Camin und Groß Welzin (über dem Bruch) und die von ihm entfernter

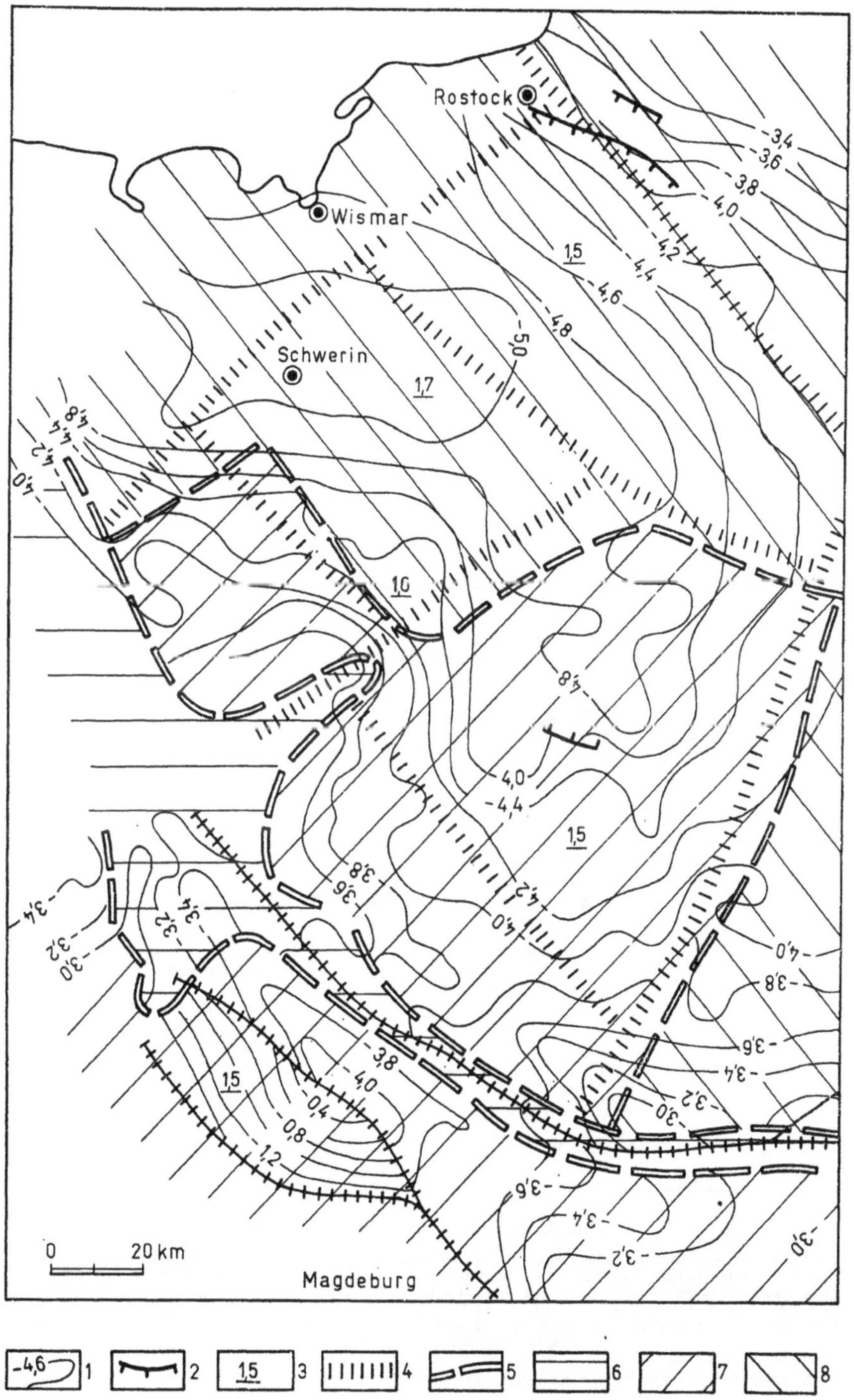

Abb. 2. Die Struktur des subsalinaren Bettes und die Zonen der hauptsächlichen Verbreitung von Typen der Salzstrukturen

1 – Stratoisohypsen der Oberfläche des subsalinaren Bettes (seismischer reflektierender Z-Horizont); 2 – tektonische Störungen in den subsalinaren Ablagerungen (die Schraffen zeigen nach der Seite des abgesunkenen Flügels); 3 – primäre Mächtigkeit des Salzes der Staßfurt-Serie des Zechsteins; 4 – regionale Brüche; Zonen der hauptsächlichen Verbreitung der verschiedenen Typen der Salzstrukturen; 5 – Grenzen zwischen den Zonen; 6 – Zone der länglichen (linearen) Diapire; 7 – Zone der gerundeten Diapire und der Salzketten; 8 – Zone der Salzkissen

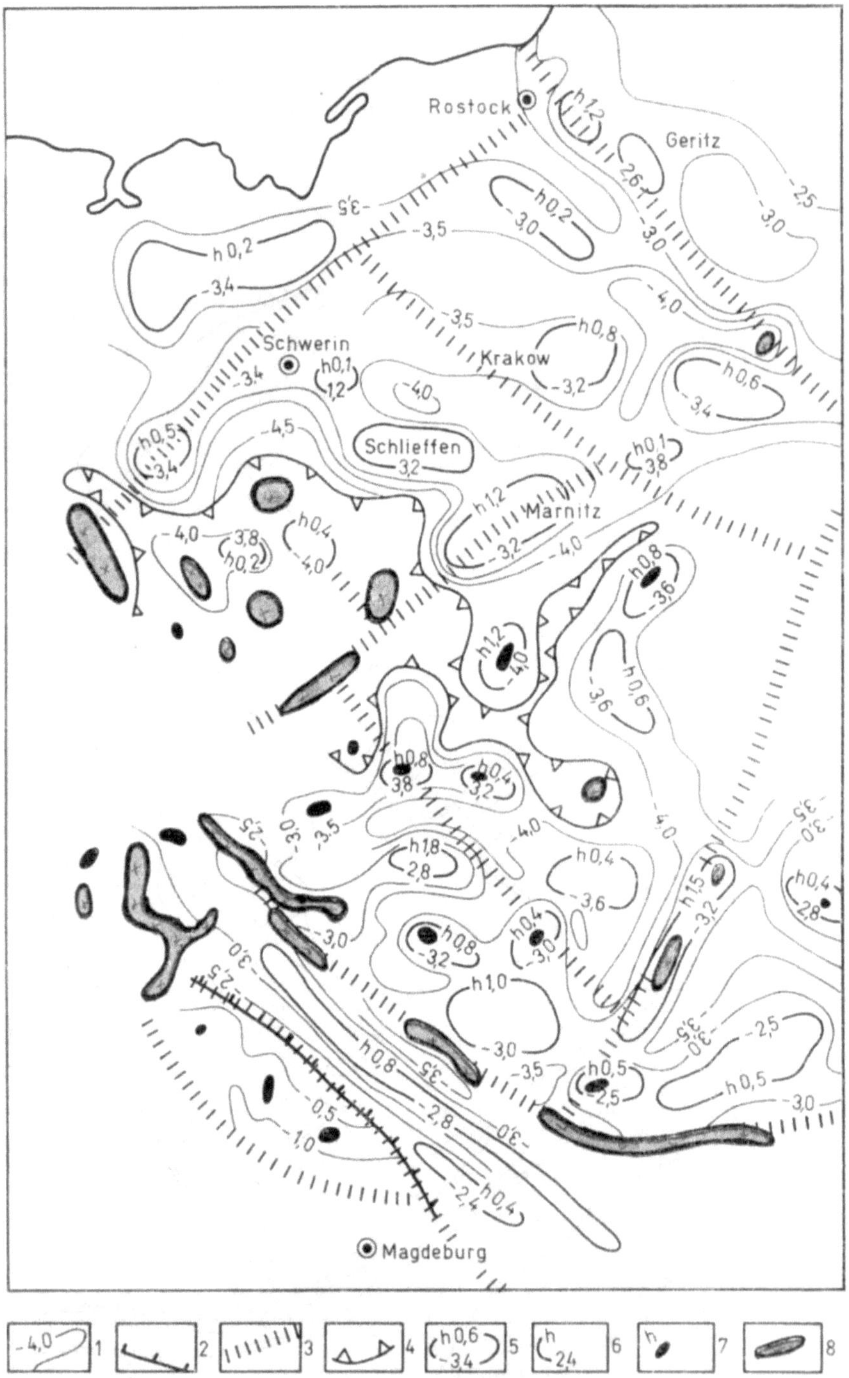

Abb. 3. Lageschema der Salzstrukturen

1 – Stratoisohypsen des Liegenden des über dem Salz liegenden Komplexes (seismischer reflektierender Horizont X_1); 2 – tektonische Störungen in den über dem Salz liegenden Schichten (die Schraffen zeigen nach der Seite des abgesunkenen Flügels); 3 – regionale Brüche; 4 – Grenze der Zone mit stark reduzierter Mächtigkeit oder völligem Fehlen des Salzes infolge Abströmens in die Kerne der Salzstrukturen (die Pfeile zeigen nach der Seite der verminderten Mächtigkeit des Salzes); 5 – Salzkissen; 6 – Salzketten; 7 – gerundete Diapire; 8 – längliche (lineare) Diapire

(Anmerkung der Redaktion:
Lies anstelle von Schlieffen = Schlieven, lies anstelle von Geritz = Göritz)

liegenden Rehna—Rüthing und Pinow; Marnitz (über dem Bruch) und das von ihm entfernter liegende Schlieven. Die Zone der vorwiegenden Entwicklung der Salzkissen liegt im Gebiet von Schwerin, d. h. dort, wo das subsalinare Bett am tiefsten liegt. Nach NW erfolgt eine allmähliche Abnahme ihrer Amplituden.

Salzketten wurden in der südlichen Randzone der Norddeutschen Senke festgestellt, sie verlaufen parallel zu den Brüchen der Mitteldeutschen Hauptlinie. Sie alle liegen über tektonischen, während der Kreidezeit entstandenen Brüchen im subsalinaren Bett (WIENHOLZ 1967).

Die meisten gerundeten Diapire tendieren zu Zonen regionaler Brüche, deren Streichen sie sich unterordnen. Mit zunehmender Entfernung von den Brüchen geht diese Gesetzmäßigkeit verloren. Die gerundeten Diapire im Süden des beschriebenen Territoriums, in der südlichen Randzone der Norddeutschen Senke, liegen in einem Bereich, in dem sich das subsalinare Bett am stärksten der Tagesoberfläche nähert. Offensichtlich verdanken sie ihre Entstehung den intensiven Bewegungen der Blöcke des Fundaments während der varistischen Konsolidierung und das um so mehr, weil sie sich nicht weit von den Brüchen befinden, an denen im Mesozoikum intensive Bewegungen erfolgten (v. GÄRTNER & WATZNAUER 1964).

Die länglichen (linearen) Diapire liegen in einem Bereich, der sich als schmaler Streifen in einer Zone, die einem regionalen Bruch entspricht, hinzieht. Sie alle befinden sich über Bruchstörungen im subsalinaren Bett (MEINHOLD & REINHARDT 1967; WIENHOLZ 1967).

Die Gesetzmäßigkeiten der räumlichen Anordnung der verschiedenen morphologischen Typen der Salzstrukturen lassen die folgenden Schlüsse zu: 1. Die übergroße Mehrzahl der Salzstrukturen ist konkordant zu Zonen regionaler Brüche orientiert. 2. Zu den Bruchzonen hin erfolgt eine Zunahme der Amplituden der Strukturen. 3. Die Bruchzonen kontrollieren in einem hinreichenden Grad genau die Verbreitung bestimmter morphologischer Typen der Strukturen. 4. Die Aktivität der Salzstrukturen nimmt nach Süden gesetzmäßig zu, was mit der Annäherung des aktiven varistischen Fundaments an die Tagesoberfläche zusammenhängt. 5. Die länglichen (linearen) Diapire, die Salzketten und eine Reihe von Salzkissen mit hoher Amplitude stehen mit tektonischen Störungen im subsalinaren Bett unmittelbar im Zusammenhang.

Eine derartige Anordnung der Salzhebungen läßt sich nicht mit der „Halokinese" TRUSHEIMS in Einklang bringen. Die Bedingungen, die der „halokinetischen" Hypothese entsprechen (bestimmte Mächtigkeiten des Salzes und der überdeckenden Gesteine, ferner eine Neigung des subsalinaren Bettes), kamen in der Norddeutschen Senke insgesamt gegen Ende der Trias (im Keuper) zustande. Es ist anzunehmen, daß unter gleichen Verhältnissen (die „Halokinese" nimmt keine Einwirkung äußerer Kräfte an) auch gleiche morphologische Typen der Salzstrukturen entstehen müssen. Das beschriebene Territorium ist durch etwa gleiche primäre Salzmächtigkeiten und durch eine erhebliche Veränderung der Lagerungsteufe des subsalinaren Bettes gekennzeichnet. Aber die aktivsten Salzformen (die linearen) liegen nicht über den Bereichen der maximalen Absenkung, sondern erheblich weiter südlich. Deshalb hängt ihre Bildung nicht so sehr mit autonomen Bewegungen des Salzes als vielmehr mit einer Verlagerung der Blöcke des aktiven varistischen Fundaments zusammen. Dafür sprechen alle obenbehandelten Fakten. Den Anstoß zur Bewegung der Salzmassen geben offensichtlich nicht die physikalisch-mechanischen Eigenschaften des Salzes selbst, sondern die Besonderheiten des geologischen Baues und der Entwicklungsgeschichte des zu behandelnden Gebiets, insbesondere der Charakter und die Intensität der Bewegungen der Blöcke des gefalteten Fundaments. Zu solchen Schlüssen kam auch SANNEMANN (1963), der die Salzstrukturen im nordwestlichen Teil der Norddeutschen Senke (Holsteinischen Block) untersuchte. Mit Bewegungen der Blöcke des Fundaments an den sie begrenzenden Brüchen der Mittelmeer–Mjösen-Zone steht eine plötzliche Veränderung des Streichens (nach N–S) aller Salzstrukturen in dem vom Westen her an das beschriebene Territorium angrenzenden Gifthorn–Hamburger Trog im Zusammenhang.

Während tektonische Tiefenprozesse den Anstoß zur Verlagerung des Salzes und zur Entstehung der Salzhebungen gaben, wird die weitere Entwicklung dieser Strukturen durch zwei Faktoren beeinflußt, nämlich den tektonischen (regional) und den Schwerefaktor (lokal). Die tektonischen Bewegungen führen zu einer erheblichen Verlagerung der Salzmassen und zu ihrem Einpressen in die einzelnen Bereiche, die in der Regel am schwächsten sind. Es sind dies Bruchzonen, besonders Kreuzungen von solchen. Diese Annahme wird durch die Ergebnisse bestätigt, die bei der Untersuchung der Salzstrukturen des Hannoverschen Beckens (zentraler Teil der Norddeutschen Senke) erhalten wurden. Hier liegt die übergroße Mehrheit der Salzdiapire über Bereichen, in denen sich regionale Brüche rheinischer und herzynischer Richtung schneiden (v. GÄRTNER & PORT 1964). Die Bewegungen auf den Zonen dieser Brüche spielten die entscheidende Rolle dafür, daß die Salzstrukturen dieses Gebiets die entsprechende Orientierung annahmen. Der Schwerefaktor spielt offensichtlich nur im Bereich der Salzstrukturen eine bestimmte Rolle, indem er eine Neuverteilung der bereits akkumulierten Salzmassen bewirkt. Die Effektivität seiner Wirkung hängt von den örtlichen Verhältnissen ab: vom Charakter des subsalinaren Bettes, von der Form und Mächtigkeit des Salzkörpers und der ihn überdeckenden Gesteine.

Literatur

BRINKMEIER, G.: Eine Scholleneinteilung des nordwestdeutschen Raumes. – Erdöl und Kohle, Nr. 10, Hamburg 1957.

BUSCH, W. A., A. A. GOLOW, I. N. KAPUSTIN, L. G. KIRJUCHIN & W. A. KULAKOW: Die Salzstockstrukturen im östlichen Teil der Norddeutschen Senke und die Besonderheiten ihrer Verteilung. – Isw. wyssch. utschebn. sawed., geol. i rasw., Nr. 3 (1970).

GÄRTNER, H.-R. v., & G. PORT: Die Tafelhülle im Bereich der Bundesrepublik Deutschland. – Die Tektonik Europas. Erläuterungen zur Internationalen tektonischen Karte Europas im Maßstab 1:2500000. Verl. Nauka und Nedra (1964).

GÄRTNER, H.-R. v., & A. WATZNAUER: Die mitteleuropäischen Varisciden. – Die Tektonik Europas. Erläuterungen zur Internationalen tektonischen Karte Europas im Maßstab 1:2500000. Verl. Nauka und Nedra (1964).

KÖLBEL, H.: Der Bau des Fundaments des Polnisch-Deutschen Flachlands. – Die Tektonik Europas. Erläuterungen zur Internationalen tektonischen Karte Europas im Maßstab 1:2500000. Verl. Nauka und Nedra (1964).

KONONOW, A. I.: Über die Genese der Salzstrukturen des Irkutsker Amphitheaters und der Polnisch-Deutschen Senke. – In: Sammelbd: Die Salzstockregionen der UdSSR und ihre Öl- und Gasführung. – Materialien 2. Sympos. Salztektonik. Verl. Naukowa dumka, Tschernigow 1966.

KONONOW, A. I., & H. RIESCHE: Aufgaben, Stand und Ergebnisse der reflexionsseismischen Regionalerkundung in der DDR. – Ber. geol. Ges., Nr. 2 (1964).

LAUTERBACH, R.: Beiträge zur tektonischen Deutung der geomagnetischen Übersichtskarte der Deutschen Demokratischen Republik. – Wiss. Z. Karl-Marx-Univ. Leipzig, math.-naturwiss. R., 1953–1954, Nr. 3 (1954).

MEINHOLD, R., & H.-G. REINHARDT: Halokinese im nordostdeutschen Tiefland. – Ber. dt. Ges. geol. Wiss., A, Geol. Paläont., 12, Nr. 3–4 (1967).

RENTZSCH, J., H. LUDWIG & E. MEYER: Der Kupferschiefer im Bereich der Scholle von Calvörde. – Jb. Geol., 1 (1967).

SANNEMANN, D.: Über Salzstock-Familien in NW-Deutschland. – Erdöl-Z., Nr. 79, Wien–Hamburg 1963.

SIEMENS, G.: Die Schwerekarte der DDR. – Freiberger Forsch.-H., C 7 (1953).
STILLE, H.: Das Aufsteigen des Salzgebirges. – Z. prakt. Geol., 19 (1911) [1911 a].
– Die Faltung des deutschen Bodens und des Salzgebirges. – Kali, H. 16 (1911) [1911 b].
– Upthrust of the salt masses of Germany. – Bull. Amer. Assoc. Petrol. Geol., 9 (1925).
STILLE, H.: Salztektonik in Nordwestdeutschland und Rumänien. – Geol. Rdsch., 40 (1952).
TRUSHEIM, F.: Über Halokinese und ihre Bedeutung für die strukturelle Entwicklung Norddeutschlands. – Z. dt. geol. Ges., 109 (1957).
– Mechanism of salt migration in Northern Germany. – Bull. Amer. Assoc. Petrol. Geol., 44 (1960).
WIENHOLZ, R.: Über den geologischen Bau des Untergrundes im Nordostdeutschen Flachland. – Jb. Geol., 1 (1967).

Kriterien der Diagnose von Erdöl-Erdgas-Muttergesteinen

K. F. RODIONOWA & S. P. MAKSIMOW, UdSSR

Der Begriff der Erdölmuttergesteine wurde in den USA von WINCHEL im Jahre 1863 eingeführt. Im ehemaligen Rußland wurden die grundlegenden Thesen über die Erdölmuttergesteine von G. M. MICHAILOWSKIJ (1906) ausgesprochen, in der UdSSR wurden sie von A. D. ARCHANGELSKIJ (1927) weiterentwickelt und von I. M. GUBKIN umfassender formuliert (1932).

Die Überprüfung der Literaturangaben und unseres eigenen im Verlaufe von 20 Jahren gesammelten weitreichenden geochemischen und chemisch-bituminologischen Materials (über 4000 Proben) ermöglicht es uns, als die hauptsächlichen Kriterien der Erdölmuttergesteine die folgenden festzulegen:

1. Fazies, festgelegt nach der faunistischen, der lithologischen, der mineralogisch-petrographischen und der geochemischen Charakteristik;

2. Menge der organischen Substanz und ihr faziell-genetischer Typ, festgelegt nach chemischen und kohlenpetrochemischen Charakteristiken;

3. Grad der Umwandlung („Metamorphose“) der organischen Substanz, bei dem die Migration der flüssigen Kohlenwasserstoffe aus dem Muttergestein beginnt und endet, festgestellt mit chemischen und kohlenpetrographischen Methoden.

Es muß betont werden, daß man bei einer Diagnose der Erdöl-Erdgas-Muttergesteine die bituminologischen Kriterien lediglich bei einer strengen Aussonderung der Proben anwenden kann, wobei eine eventuelle, wenn auch nur geringe Beimengung von sekundärem (Migrations-)Bitumen zu beachten ist. Eine Beimengung des letzteren erhöht rapid den Gehalt an Kohlenstoff und Wasserstoff in der Elementarzusammensetzung des Chloroformextrakts des Bitumens A, den Kohlenwasserstoffkoeffizienten (Prozentsatz der Kohlenwasserstoffe in der organischen Substanz) oder das Verhältnis

$$\frac{\text{C der Kohlenwasserstoffe}}{\text{C org. (nichtkarbonatisch)}}$$

und senkt den CPI in den hochmolekularen n-Paraffinen (das ist das Verhältnis der Menge von Paraffinen mit ungerader zu der mit gerader Zahl von Kohlenstoffatomen). In Tab. 1 sind die geochemischen Kennwerte der in den Nebengesteinen enthaltenen syngenetischen organischen Substanz von unterschiedlichem faziell-genetischem Typ und unterschiedlichem Grad der Umwandlung („Metamorphose“) angeführt.

Vortrag, gehalten auf der VI. Internationalen Wissenschaftlichen Konferenz der Erdölinstitute, Krakau, 1. bis 6. Juni 1970.
Übers.: J. GÖRBERT, ZGI, Berlin.

Die bei den Analysen gefundenen Kennwerte, die die Werte übersteigen, die in der Tabelle angegeben sind, zeugen von einer Beimengung sekundären Bitumens; eine wesentliche Hilfe leisten dabei auch die Kennwerte besonders für sandig-aleuritische Varietäten.

Die kritische Analyse der vorhandenen Literatur sowie die Ergebnisse der geochemischen und der chemisch-bituminologischen Untersuchungen von sedimentären Ablagerungen von den quartären bis zu den proterozoischen, einschließlich der in den verschiedenen tektonischen Zonen der hauptsächlichen erdöl- und erdgasführenden Territorien der UdSSR auftretenden, ermöglichen es uns, die wichtigsten Kriterien der Erdöl-Erdgas-Muttergesteine zu formulieren, die in Tab. 2 dargelegt werden. Wir haben es als zweckmäßig erachtet, dabei die von PHILIPPI (1955) vorgeschlagenen vier Kategorien beizubehalten. Aber wir legen den Kriterien nicht nur den Gehalt an organischem Kohlenstoff und die Gesamtmenge der Kohlenwasserstoffe zugrunde wie PHILIPPI, sondern betonen die Bedeutung des lithologisch-faziellen und geochemischen Habitus der Gesteine, den faziell-genetischen Typ der organischen Substanz und des Grades ihrer Umwandlung („Metamorphose“).

Da wir als organisches Ausgangsmaterial für Erdöl nicht nur seinen sapropelitischen Typ, sondern auch den humosen (nicht oxydierten) anerkennen, beschränken wir auch den Grad der Umwandlung der organischen Substanz von Erdölmuttergesteinen nicht auf das späte Braunkohlenstadium (B_3) und auf das frühe Steinkohlenstadium (E), sondern sehen auch das mittlere Steinkohlenstadium (D und G) als zutreffend an. Während sich die Gesamtmenge der bituminösen Komponenten in der organischen Substanz in den Stadien B_3 — E bildet, werden die bituminösen Fraktionen in den Stadien D und E qualitativ andere; im Bitumen A nehmen C und H stark zu, auch die Gesamtmenge der Kohlenwasserstoffe, und es verändert sich auch seine Gruppenzusammensetzung in Richtung auf eine Erhöhung von $\frac{M}{N}$ und auf eine Verringerung des CPI.

In den späteren Stadien der Umwandlung („Metamorphose“; K, T und PA) gehen die „sehr guten“ und „guten“ Erdölmuttergesteine in Erdgasmuttergesteine (mit schweren Gasen) über.

Die (sandigen, aleuritischen, aleuritisch-tonigen) Sedimente, die sich in der Nähe von den hauptsächlichen Abtragungsgebieten des terrigenen und pflanzlichen Materials gebildet haben oder auf den Hochstrukturen unter den Bedingungen niedrigen Wasserstands bei

Tab. 1. Bituminologische Kennwerte der in den Nebengesteinen enthaltenen syngenetischen dispersen organischen Substanz

Bituminologische Kennwerte	Fazieller Typ der organischen Substanz			
	Humos	Sapropelitisch-humos	Humos-sapropelitisch	Sapropelitisch
1. Bitumenkoeffizient	< 0,7%	0,7–1%	1–5%	> 5%
2. Huminkoeffizient	frühes Braunkohlenstadium (B_{1-2})		spätes Braunkohlenstadium (B_3)	
	> 50%	25–50%	10–25%	< 10%
3. Neutralitätskoeffizient (K/N)	> 6	6–2	2–1	< 1
4. Öle (Kohlenwasserstoffe) im Bitumen A_{chl}	< 10%	10–20%	20–30%	> 30%
5. Kohlenwasserstoffkoeffizient	< 0,3%	0,3–1,0%	1–2%	2–5,6%
6. Atomares Verhältnis H/C in der Elementzusammensetzung des Bitumens A_{chl}	< 0,75	0,75–1,25	1,25–1,5	> 1,5
7. Atomares Verhältnis O/C in der Elementzusammensetzung des Bitumens A_{chl}	Braunkohlenstadium (B_{1-2})	Braunkohlenstadium – frühes Steinkohlenstadium (B_3–E)	mittleres Steinkohlenstadium (D)	mittleres Steinkohlenstadium (G)
	0,20–0,30	0,15–0,20	0,07–0,15	< 0,07

schwachen geochemischen Reduktions-, Suboxydations- und Oxydationsbedingungen, wobei pflanzliche Überreste erhalten geblieben sind, die eine starke Oxydation in der Sedimentogenese durchgemacht haben (bei langem Transport vom Festland), und die aus der frühen Diagenese können vorwiegend Erdgasmuttergesteinssedimente (mit trockenem Gas) sein.

Es muß festgestellt werden, daß neben den in der Tab. 2 angegebenen Kriterien der Diagnose der Erdöl-Erdgas-Muttergesteine die Mächtigkeit dieser Gesteine und die Gebiete ihrer Verbreitung berücksichtigt werden müssen, was von großer Bedeutung ist, besonders für die Bildung von großen Ansammlungen von Erdöl und Erdgas. Die günstigsten Bedingungen entstehen in den Zonen mit mächtiger Entwicklung von tonig-karbonatischen Ablagerungen nach der Überlagerung durch eine mächtige Schichtenfolge von terrigenen Sedimenten bei nachfolgendem ständigem Absinken. Unter derartigen Bedingungen wird die größte Menge der Kohlenwasserstoffe, die zu einer regionalen Migration fähig sind, gebildet.

Für die Entstehung von abbaufähigen Ansammlungen von Erdöl und Erdgas können die Mächtigkeiten der zu den „sehr guten" und zu den „guten" gehörenden Erdöl-Erdgas-Muttergesteine und ihre räumliche Verteilung bedeutend geringer sein, verglichen mit den Gesteinen der anderen Kategorien. Natürlich sind dabei ein günstiges Wechselverhältnis zwischen den Erdöl-Erdgas-Muttergesteinen und den Speichergesteinen, ein regionaler Schichtenanstieg, das Vorhandensein von Fallen, einer günstigen hydrogeologischen Situation und von qualitativ guten Abdeckungen von ausreichender Mächtigkeit notwendig.

Auf der Grundlage der angeführten Kriterien können unter den von uns eingehend untersuchten Ablagerungen zu den „sehr guten" und zu den „guten" Erdöl-Erdgas-Muttergesteinen gerechnet werden: die tonigen, die karbonatisch-tonigen, örtlich auch die karbonatischen Gesteine, die sich entfernt von den kontinentalen Abtragungsgebieten unter verhältnismäßig bathyalen Umständen mit Reduktions- bzw. starken Reduktionsbedingungen einer sideritisch-sulfidischen und sulfidischen geochemischen Fazies während der größten Meerestransgressionen gebildet haben.

In der erdöl- und erdgasführenden Wolga—Ural-Provinz können zu derartigen Gesteinen die folgenden gerechnet werden:

Die vorstehend genannten lithologischen Varietäten des „unteren Kalksteins" der Eifel-Stufe (Morsowsko—Mossolowskojer, Bijsker und Calceola-Ablagerungen), deren Verbreitungsgebiete, nach den von uns zusammengestellten geochemischen Karten zu urteilen, sich mit den Einsenkungen der Tafel decken, haben große Erstreckungen in meridionaler Richtung (vom Wjatka-Wall im Norden bis zum südöstlichen Abhang des Woronesher Massivs im Süden), jedoch verhältnismäßig begrenzte Breitenausdehnung. Diese Gesteine schließen 1,4 bis 4,3% organische Substanz, 0,07 bis 0,5% neutrale bituminöse Komponenten (A_{chl}) und 500 g/m^3 und mehr syngenetische (Rest-)Kohlenwasserstoffe ein.

Kalkhaltige Tone und Mergelarten des Afoninschen Horizonts (Infradomanik) enthalten noch größere Mengen von organischer Substanz und von Bitumen A_{chl}. Diese Ablagerungen haben allerdings eine verhältnismäßig begrenzte Verbreitung (südöstlicher Abhang des Tatarischen Gewölbes).

Die tonigen und die karbonatisch-tonigen Gesteine des „mittleren Kalksteins" des Starooskoloer Horizonts der Givet-Stufe sind noch stärker verbreitet als diejenigen des „unteren Kalksteins". Mächtiger sind auch die kar-

Tab. 2. Kriterien der Diagnose der Erdöl-Erdgas-Muttergesteine

Kategorie der Gesteine	Lithologisch-fazieller Typ der Gesteine	Geochemische Fazies	Typ der organischen Substanz	Grad der Umwandlung
Sehr gute	marine relativ bathyale, von Abtragungsgebieten terrigenen und pflanzlichen Materials entfernte tonige Kalksteine, Mergelarten, kalkhaltige Tone, schwarze, dunkelgraue; Überwiegen von Mineralen der Montmorillonit-Gruppe	stark reduzierend-sulfidischer Gehalt an „Reaktions"-Fe $< 1\%$; in ihm über 50% sulfidisches Fe. Unter den Karbonaten herrscht der Kalzit vor.	sapropelitisch, humos-sapropelitisch, autochthon, nicht oxydiert	später Braunkohlen, früher, mittlerer Steinkohlengrad (B_3 E D G)
Gute	marine, relativ bathyale, karbonatisch-tonige, graufarbige; Überwiegen von Montmorillonit	reduzierend, Gehalt an „Reduktions"-Fe 2%, in ihm 30% sulfidisches Fe, unter den Karbonaten $CaCO_3$ und $FeCO_3$ vorherrschend	dito	dito
Günstige	marine, von niedrigem Wasserstand, tonige, karbonatisch-tonige, karbonatische-aleuritische, tonige, hellgraue, eventuell halbkontinentale	schwach reduzierend, sulfidisch-sideritisch und leptochloritisch. Gehalt an „Reaktions"-Fe 2%. Es herrschen $FeCO_3$ sowie Fe-Chlorit vor.	gemischt, teilweise oxydiert	dito
Arme	flachwasser-marine und kontinentale, terrigene und karbonatische, helle und buntfarbige	suboxydative und oxydative; Gehalt an „Reaktions"-Fe $> 5\%$. Vorherrschen des Limonits	gemischt und humos, oxydiert	Braunkohlengrad (B_{1-2})
Erdgasmuttergesteine	kontinentale und halbkontinentale von hellen bis zu schwarzen. Es herrschen Kaolinit und Hydroglimmer vor.	suboxydative und oxydierte; Gehalt an „Reaktions"-Fe $> 5\%$. Es herrscht Limonit vor.	vorwiegend humos, oxydiert	dito

Menge im Gestein			Kohlenwasserstoffkoeffizient	Koeffizient Neutr. K/N	Verhältnis	
Organische Substanz %	Bitumen-A_{chl} %	Kohlenwasserstoffe g/m³			M/N der Kohlenwasserstoffe	CPI in den n-Paraffinen
2–10	0,1–2,0	1000	3–5,5	0,5–0,3	> 10	1 und < 1
1–3	0,07–0,3	500–1000	1,5–3	0,7–2	> 5	1–1,2
0,5–1,5	0,04–0,01	200–500	0,4–1,0	1–3	~ 1	1,2–1,5
0,02–0,5	0,001–0,02	< 200	0,1–0,2	2–9	< 1	2–5
0,5–25	0,01–0,1	5–200	0,1–0,02	5–11	~ 0	5–7

bonatisch-tonigen Pakete, die mit organischer Substanz und syngenetischen Kohlenwasserstoffen angereichert sind (3 bis 10% und entsprechend 0,5 bis 10 kg/m³); so sind sie im Bereich der Romaschkinoer Lagerstätte ungefähr 4 Meter, in der Schkapowoer Lagerstätte 5 bis 6 Meter, im Kuibyschew—Orenburger Transwolga-Gebiet bis zu 10 Meter und im Bereich der Einsenkung von Rjasan—Saratow und ihrer südöstlichen Fortsetzung über 10 Meter mächtig.

Die karbonatisch-tonigen Pakete des sogenannten „schwarzen" oder „Zwischen-Kalksteins" des Mullinoer Horizonts der Givet-Stufe sind lediglich am südöstlichen Abhang des Tatarischen Gewölbes verbreitet (Lagerstätte von Schkapowo). Seine bituminologische Charakteristik kommt derjenigen nahe, die für den „mittleren Kalkstein" festgestellt ist. Der Unterschied besteht in einer gewissen sekundären Oxydation der organischen Substanz in einzelnen Bereichen.

Die tonigen, karbonatisch-tonigen und karbonatischen Varietäten der Domanikowoer Fazies des Kynower (Schugurowoer), des Domanikowoer und des Mendymer Horizonts der Frasnes-Stufe erscheinen im System der alten Melekess-Radajewer und der alten Abdulinoer Einsenkung und der östlichen Fortsetzung der letzteren. Die geochemische Charakteristik der organischen Substanz dieser Gesteine ist derjenigen ähnlich, die für die Gesteine des „mittleren Kalksteins" festgestellt worden ist. Einige Unterschiede sind in der Gruppenzusammensetzung der KW der Öle festgestellt worden. Die organische Substanz der analogen lithologischen Varietäten, die sich aber unter schwachen geochemischen Reduktionsverhältnissen bei niedrigem Wasserstand gebildet haben (Semilukaer Ablagerungen), ist charakterisiert durch einen merklichen Oxydationsgrad in der Sedimentogenese oder frühen Diagenese, durch einen geringeren Gehalt an Kohlenwasserstoffen (ungefähr 1%) und durch ein Überwiegen beziehungsweise einen erheblichen Anteil von zyklischen Strukturen in den letzteren. Die genannten Gesteine können zu der Kategorie der „günstigen" oder aber sogar der armen Erdölmuttergesteine gerechnet werden, und an einigen Stellen sind sie offensichtlich Erdgasmuttergesteine.

Analogien zu der Domanikowoer Fazies wurden auch in den Gesteinen der Famenne-Stufe des Devons des Ural—Wolga-Gebiets sowie in der Pripjat-Depression (Transdon—Jelez-Ablagerungen) festgestellt, die ihrem Habitus nach den „guten" und stellenweise sogar den „sehr guten" Erdölmuttergesteinen entsprechen.

Die Gesteine der Domanikowoer Fazies der Tournai-Stufe der Steinkohlenablagerungen treten im Rahmen des südlichen Teiles des Systems der Kama-Kinel'-Depressionen und seiner östlichen Fortsetzung (zur Vorural-Depression hin) auf. Sie sind (wie auch die analogen Gesteine des Devons) durch ein Vorherrschen des sapropelitischen Typs der organischen Substanz charakterisiert, die ein mittleres Steinkohlenstadium (G) der Metamorphose erreicht hat, angereichert mit syngenetischen Kohlenwasserstoffen bei Vorherrschen von Methan-Naphthen-Fraktionen.

Die karbonatisch-tonigen Gesteine des Tulaer Horizonts der Visé-Stufe in den Depressionen des südöstlichen Teils der Russischen Tafel können ebenfalls zu den „guten" Erdölmuttergesteinen gerechnet werden. Im westlichen und nördlichen Teil des Systems der Kama-Kinel'-Depressionen gehören diese zu den „günstigen" Erdölmuttergesteinen.

Von der Tournai-Zeit angefangen, verringern sich im Wolga—Ural-Gebiet die Zonen, welche für die Bildung von Erdölmuttergesteinsablagerungen günstig sind. Insbesondere ist das für die oberbaschkirische und für die frühwerejasche Zeit zu bemerken. „Gute" Erdölmuttergesteine des genannten Alters wurden lediglich für den südöstlichen Teil des Systems der Kama-Kinel'-Depressionen festgestellt. In dieser Zone und in der Voruraldepression wurden lokale Analogien zur Domanikowoer Fazies und zu den oberen Steinkohlenablagerungen festgestellt.

Im nördlichen Teil des Systems der Kama-Kinel'-Depressionen wurden in der Steinkohlenepoche dank des Vorhandenseins des im Nordosten nahegelegenen kontinentalen Festlandes pflanzliche Überreste in die Ablagerungen eingetragen, die beim Transport eine starke Oxydation durchmachten. Daher besitzt die in den Gesteinen gebildete organische Substanz vom gemischten sapropelitisch-humosen oder vorwiegend humosen Typ Fusit-Charakter mit niedrigem Bitumenkoeffizienten (bis zu 0,5%) und niedrigem Kohlenwasserstoffkoeffizienten (bis zu 0,1%). Außerdem bedingt das verhältnismäßig geringe Absinken der Schichten (bis zu 1000 m) das niedrige Stadium ihrer Umwandlung, die nicht über das mittlere Braunkohlenstadium hinausgeht. Die in Frage stehenden Gesteine können lediglich zu den Erdgasmuttergesteinen gerechnet werden.

Im östlichen Teil der Russischen Tafel entstanden für die Bildung von Erdölmuttergesteinssedimenten günstige Verhältnisse auch in der Perm-Zeit, in der Asselskojer, der Artinsker und lokal auch in der Kungur-Zeit. Jedoch wurde, wie auch in der Visé- und in der Baschkirischen Zeit, die in den Ablagerungen hineingetragene organische Substanz mit einer merklichen Beimengung allochthonen humosen Materials vermischt.

Von den untersuchten prädevonischen Ablagerungen enthält lediglich der obere Teil der Bawlyer Gesteinsfolge „günstige" Erdölmuttergesteine. Bei ihren in einzelnen Gebieten des zentralen Teils der Russischen Tafel erschlossenen Äquivalenten wurden die mit organischer Substanz (bis zu 7%) und neutralen bituminösen Komponenten (A_{chl}) bis zu 0,45% von hohem Umwandlungsgrad angereicherten tonigen Gesteine der Redkinoer Folge festgestellt. Die genannten Gesteine können als gute Erdölmuttergesteine klassifiziert werden. Doch der hohe Grad der Umwandlung der organischen Substanz in ihnen stellt diese Gesteine an die Grenze der Gasmuttergesteine (mit schweren Gasen). Leider sind ihre Mächtigkeiten und Verbreitungsgebiete bis zum gegenwärtigen Zeitpunkt noch ungenügend untersucht.

Im östlichen Vorkaukasus können die Argillite der Trias, die bis zu 5% organische Substanz vom gemischten sapropelitisch-humosen Typ und bis zu 0,25% Bitumen-A_{chl} von genügend hohem Umwandlungsgrad (B_3 und E) einschließen, ebenfalls zu den „guten" Erdölmuttergesteinen gerechnet werden.

Zu den „guten" und „günstigen" Erdölmuttergesteinen können auch die tonigen und karbonatisch-tonigen Varietäten vom Jura—Neokom-Alter der Amu-Darja- und der Murgab-Senke mit gemischter und mit sapropelitischer organischer Substanz (bis zu 1—1,7%) und mit einer Menge von Kohlenwasserstoffen bis zu 450—720 g/m^3 gerechnet werden.

In den känozoischen Ablagerungen des westlichen Vorkaukasus gehören die karbonatisch-tonigen Varietäten der Kumskojer Gesteinsfolge zu den „sehr guten" und zu den „guten" Erdölmuttergesteinen.

Über die Natur der Erdölporphyrine am Beispiel des Wolga-Ural-Gebiets

G. W. RUDAKOW, Tjumen

Bekanntlich haben die Porphyrine, die zuerst von HABERLANDT (1944) in den Karbonaten hydrothermaler Entstehung entdeckt und von ihm zu den nichtorganischen Substanzen gestellt wurden, eine weite Verbreitung (FLOROWSKAJA 1964) in der Natur. Sie sind nicht nur in Sedimentgesteinen, sondern auch in Mineralzusammensetzungen von endogener Entstehung, in Tiefenwässern und in Erdölen anzutreffen. Eine Anreicherung mit Porphyrinen ist auch in Schwerölen zu beobachten. Nach RIECKER (1962) wurden Porphyrine in halbflüssigen Bitumina mit einer Dichte von 1,0366 g/cm³ auf der Lagerstätte MacMurrey im Staate Alberta (Kanada) gefunden, während sie praktisch in bestimmten Leichtölen fehlen. Das konnte auch von KROPOTKIN (1959) bestätigt werden.

Die Erdöle werden je nach der Verbreitung von bestimmten Metallporphyrinkomplexen in ihnen von N. P. KUSNEZOW (1946) in vier Typen eingruppiert. Zu einem solchen Typ gehören die Erdöle des Wolga—Ural-Gebiets, die Porphyrine enthalten, die ihre Spektralcharakteristik bei Zugabe des EHRLICH-Reaktivs nicht ändern. In dieser Hinsicht unterscheiden sich die genannten Erdöle von denen in Baku, auf Sachalin und anderer Fundpunkte. Zwischen den Porphyrinen der Erdöle und den Porphyrinen pflanzlicher oder tierischer Entstehung besteht keine Identität. Der Unterschied liegt in der begrenzten Anzahl ihrer in den Erdölen anzutreffenden Typen. Das veranlaßte MEINSCHEIN (1959), der die Hypothese von der organischen Entstehung der Porphyrine unterstützt, zu der Vermutung, daß nicht alle in Gesteinen vorhandene disperse organische Substanz in Erdöl übergehen kann, da lediglich ihr löslicher Anteil extrahiert werden kann.

Andererseits zeugt das Vorkommen von aromatischen Verbindungen mit kondensierten Kernen vom Typ 1-2-Benzanthren, Triphenyl, Chrysen, Perylen u. a., die nicht in Erdölen anzutreffen sind, aber in den aus disperser organischer Substanz gebildeten Bitumina vorkommen, ebenfalls von dem Ablauf von Extraktionsprozessen, bei denen Kohlenwasserstoffe mit hochkondensierten Kernen während der Migration des Erdöls nicht aus den Sedimentgesteinen extrahiert werden.

Die Vorstellungen über die Extraktion der Porphyrine aus dem umgebenden Medium im Migrationsprozeß des Erdöls sind nicht neu (NAGY & WOURMS 1958, RUDAKOW 1963, TREIBS 1934). Außerdem zeigten die Untersuchungen DUNNINGs und seiner Mitarbeiter (1960), daß die Porphyrine natürliche oberflächenaktive Substanzen sind und daß die Metallporphyrinkomplexe die Benetzbarkeit der Gesteine verbessern. So können die Porphyrine nicht nur durch Erdöl aus den Nebengesteinen extrahiert, sondern auch aus diesen entfernt werden, indem sie an der Grenze Erdöl/Wasser adsorbiert werden, wobei, wie RADTSCHENKO (1960) vermerkt, der Porphyringehalt nicht mit dem Alter der Nebengesteine zusammenhängt.

Früher haben wir geschrieben (RUDAKOW 1961a), daß im Prozeß der vertikalen Migration das Erdöl nach der BARTONschen Regel differenziert werden muß, nach der die Dichte des Erdöls mit der Entfernung des Lagers vom Fundament wächst. Die Menge der extrahierten Porphyrine muß ebenfalls mit der Entfernung des Lagers vom Fundament und mit der Zunahme der Dichte des Erdöls wachsen. Das wird durch die Daten HODGSONs (1957) und BAKERs (1957) bestätigt. Sie stellten am Beispiel der kanadischen Erdöle eine Zunahme der Porphyringehalte mit der Vergrößerung der Dichte der Erdöle fest.

In der Abbildung ist die Abhängigkeit des Porphyringehalts (mg auf 100 g Erdöl) von der Dichte der Erdöle für eine Reihe von Lagerstätten des Devons, Karbons und Perms im Wolga—Ural-Gebiet graphisch dargestellt (Daten nach RADTSCHENKO & SCHESCHINA 1955). So muß nach den Vorstellungen über die Differentiation des im Migrationsprozeß entstandenen Erdöls der Gehalt an Porphyrinen in den Erdölen dem Migrationsweg direkt proportional und der Migrationsgeschwindigkeit umgekehrt proportional sein. Die Migrationsgeschwindigkeit ihrerseits wird bestimmt durch den Grad der Kluftbreite, den Abstand der gestörten Blöcke usw.

In den hochparaffinierten Erdölen der Lagerstätten Osek-Suat, Welitschajewka und Simnjaja Stawka zum Beispiel sowie in den Erdölen des Minusinsker Kessels fehlen Porphyrine. Überaus bemerkenswert ist jedoch, daß OWNATANOW (1964) innerhalb eines der Felder des Minusinsker Kessels, in der Bystrjansker Bohrung 17, Teufe 1073 m (Devon), nach der Luftspülung der Sohle

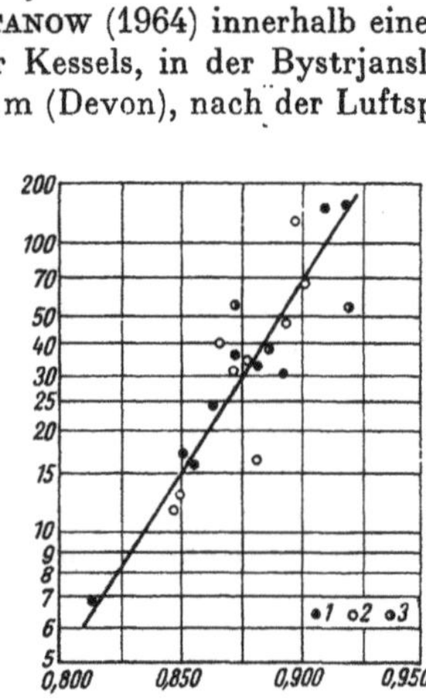

Abb. Abhängigkeit des Gehalts an Porphyrinen (Milligramm auf 100 g Erdöl) von der Dichte der Erdöle des Wolga—Ural-Gebiets
1 — Devon, 2 — Karbon, 3 — Perm

Aus: „Geologija i raswedka", Nr. 2, S. 88—90 (1970).
Übers.: H. PATZE, Berlin.

Zeitschrift für angewandte Geologie, Bd. 17 (1971), Heft 11

Klüfte von rund 5 mm Breite photographierte. Damit wird wohl auch die Ansicht des Verf. (1961b) über das Vorhandensein von langkettigen Paraffinen in den mit großer Geschwindigkeit migrierten Erdölen bestätigt. Unter diesen Bedingungen wird wahrscheinlich wenig oder gar nichts extrahiert. Offensichtlich wird die Extraktion der Porphyrine außer durch die obengenannten Faktoren noch durch physikalische bei der Migration bestimmt.

Im Zusammenhang mit der möglichen Extraktion der Porphyrine aus Sedimentgesteinen ist auch das gut bekannte Auftreten von Pheophitinen und anderen Chlorinpigmenten in den Sedimentgesteinen von Interesse. HODGSON (1957) zeigte die Möglichkeit der Umwandlung der Pheophitine in einen Porphyrinkomplex der Metalle vom Erdöltyp. Das ist um so interessanter, als das Pheophitin ein ganz gewöhnliches Pigment der Sedimenthülle ist.

Nach gewissen Vorstellungen (PASYNSKIJ & PAWLOWSKAJA 1964) können die Erdölporphyrine auch abiogen entstanden sein. Nach KUDRJAWZEW (1964) kann die Zersetzungstemperatur der Porphyrine (250 bis 300 °C) diese Genese nicht widerlegen. Das Auftreten von Porphyrinen in einigen Erdölen beweist nicht ihre organische Entstehung.

Literatur

BAKER, B. L.: Vanadium, Nickel and Porphyrins in thermal geochemistry of Petroleum. – Bull. Amer. Ass. Petrol. Geol., vol. 41, Nr. 11 (1957).

DUNNING, H. N., u. a.: Porphyrin, Nickel, Vanadium and Nitrogen in Petroleum. – Journ. of chem. and Engin. Data, vol. 5, Nr. 4 (1960).

FLOROWSKAJA, W. N.: Geochemische Grundlagen der Entstehung des Lebens. – Westnik MGU, Ser. IV, Ausg. 2 (1964).

HABERLANDT, H.: Porphyrinkomplexverbindungen als färbende Einlagerungen in hydrothermalen Kalkspatkristallen. – Chem. Z., H. 47 (1944).

HODGSON, G. W.: Vanadium, Nickel and iron trace metalls in crude oils of Western Canada. – Bull. Amer. Ass. Petrol. Geol., vol. 41, Nr. 11 (1957).

KROPOTKIN, P. N.: Die geologischen Bedingungen zur Entstehung des Lebens auf der Erde und das Problem der Erdölentstehung. In: Sammelbd.: Entstehung des Lebens auf der Erde. – Verl. AN SSSR (1959).

KUDRJAWZEW, N. A.: Geochemische und geologische Aspekte der Genese von Erdöl und Kohlenwasserstoffgas. – Sowj. Geol., Nr. 11 (1964).

MEINSCHEIN, W. G.: Origin of Petroleum. – Bull. Amer. Ass. Petrol. Geol., vol. 43, Nr. 5 (1959).

NAGY, B., & J. P. WOURMS: Chromatographic separation and concentration of organic compounds in sediments. – Bull. of the geol. Soc. of Amer., vol. 35 (1958).

OWNATANOW, G. T.: Erschließung und Abbau der Schicht. – Verl. Nedra (1964).

PASYNSKIJ, A. G., & T. E. PAWLOWSKAJA: Die Bildung wichtiger biochemischer Verbindungen im präbiologischen Entwicklungsstadium der Erde. – Erfolge der Chemie, Bd. 33, Nr. 10 (1964).

RADTSCHENKO, O. A.: Fragen der Geochemie der Erdölporphyrine. – Dokl. AN SSSR, Bd. 134, Nr. 3 (1960).

RADTSCHENKO, O. A., & L. S. SCHESCHINA: Zur Frage der Geochemie der Erdölporphyrine. – Tr. WNIGRI, Geol. Sammelbd. 1, Ausg. 83 (1955).

RIECKER, R. E.: Hydrocarbon Fluorescense and migration of Petroleum. – Bull. Amer. Ass. Petrol. Geol., vol. 46, Nr. 1 (1962).

RUDAKOW, G. W.: Zur Diskussion über die Bildung des Erdöls und seiner Lagerstättenentstehung. – Z. angew. Geol., 7, 2, Berlin 1961 [1961a].

– Badanie kinetyki adsorpsji i desorpsji asfaltowo-smolowych skladnikew ropy w osrodku poworatym. – Nafta, Nr. 3 (1961) [1961b].

– O sagadnienie glebinowego pochodsenia ropy naftowej. – Kwart. geol., vol. 7, Nr. 2 (1963).

TREIBS, A.: Häminderivate in bituminösen Gesteinen, Erdölen, Erdwachsen und Asphalten. – Lib. Ann., Bd. 42 (1934).

Anwendung der instationären Strömungstheorie auf Probleme der frühzeitigen Vorratseinschätzung in Erdgaslagerstätten[1]

FRIEDER HÄFNER, Freiberg (Sa.)

Es ist das Ziel der geologischen Erkundung, in kürzester Zeit Vorräte an nutzbaren Kohlenwasserstoffen nachzuweisen. Die möglichst schnelle Überführung gasfündiger Sonden in die volkswirtschaftliche Nutzung erfordert die frühzeitige Abschätzung des geologischen Vorrats zur Festlegung des weiteren Erkundungsaufwands und zur Vorbereitung der Inproduktionsnahme.

Die bekannten statischen Berechnungsmethoden sind in diesem Stadium meist noch nicht anwendbar. Die Volumenmethode erfordert Kenntnisse über den Bau, die Ausdehnung und Speichereigenschaften der Schicht, die Materialbilanzmethode verlangt die Produktion von mindestens 1 bis 5% des geologischen Vorrats.

Die von HÄFNER (1970) und VOIGT u. a. (1971) ausführlich dargestellte Theorie der instationären Strömung in porösen Stoffen bietet die Möglichkeit, wesentliche Parameter des Speichers durch Testarbeiten in Sonden zu bestimmen. Darüber hinaus bietet sie Lösungsmöglichkeiten zur direkten Bestimmung des freien Porenvolumens und damit des geologischen Vorrats.

Die Bestimmung der Schichtparameter, vor allem der Permeabilität, ist eine wichtige Grundfrage, der in der Literatur ein überaus breiter Raum gewidmet wird, weil die Permeabilität Ausgangspunkt für alle weiter zu bestimmenden Parameter, wie Skineffekt, Entfernung von Störungen und Kontakten oder Vorrat im Einzugsbereich, ist. Fehler in der Bestimmung der Permeabilität durch falsche Interpretation von Meßkurven haben entscheidenden Einfluß auf vorgenannte Größen und sind in den seltensten Fällen durch andere Bestimmungsmethoden feststellbar.

Es soll nicht unerwähnt bleiben, daß die folgenden Untersuchungen ausschließlich auf analytischen mathematischen Verfahren basieren. Die in jüngster Zeit immer mehr in den Vordergrund tretenden numerischen Methoden, insbesondere der der endlichen Elemente, sind für unsere Probleme noch nicht ausreichend praxisreif und bedürfen weiterer Bearbeitung.

Die Anwendung der Strömungstheorie auf das spezielle Problem der Vorratseinschätzung verlangt die Berücksichtigung der an das DARCYsche Gesetz geknüpften Bedingungen.

Die zweite, entscheidende Einschränkung für die dynamischen Methoden ist die, daß grundsätzlich nur über den Vorrat innerhalb des jeweils ausgebildeten Einzugsradius Aussagen gemacht werden können. In größeren Erdgaslagerstätten ist wegen der begrenzten Dauer der Testzeit dieser Einzugsradius meist kleiner als der Radius der Lagerstätte. Die Aussage beschränkt sich auf den Wert „Vorrat pro Flächeneinheit" bzw. das Produkt „gasgesättigte Mächtigkeit × Porosität".

Bei Erdgaslagerstätten klüftig-porösen Typs führt die Anwendung dynamischer Methoden zu einer frühzeitigeren Aussage über den Vorrat und die Größe des Kluftvolumens.

1. Grundlagen zur analytischen Lösung der Differentialgleichung der Strömung eines realen Gases

Die Differentialgleichung der isothermen Strömung eines realen Gases in porösen Stoffen lautet unter Voraussetzung der Gültigkeit des DARCY-Gesetzes (laminare

Eingang des Manuskripts in der Redaktion: 17. 2. 1971.

[1]) Die Redaktion stellt diesen Artikel zur Diskussion mit dem ausdrücklichen Hinweis, daß diese reservoirmechanische Einschätzung eine exakte Vorratsberechnung nicht ersetzen kann und, falls sie ohne begründete geologische Konzeption für sich allein steht, die Gefahr einer Fehlorientierung in sich birgt.

Strömung):

$$\operatorname{div}\left[\frac{p \operatorname{grad} p}{\eta(p)\, z(p)}\right] = \frac{\varnothing}{k}\frac{\partial}{\partial t}\left[\frac{p}{z(p)}\right] \qquad (1)$$

In Anlehnung an LEIBENSON linearisierte SOTOW (1963) Gl. (1) mit dem Realgaspotential

$$\varphi(p) = 2\int_{p_0}^{p} \frac{p'\,dp'}{\eta(p')\,z(p')} \qquad (2)$$

und erhielt

$$\nabla^2 \varphi(p) = \frac{\varnothing\,\eta(p)\,cg(p)}{k}\frac{\partial\varphi(p)}{\partial t} \qquad (3)$$

wobei die isotherme Gaskompressibilität c_g ist:

$$c_g = \frac{1}{p} - \frac{1}{z}\frac{dz}{dp}\bigg|_{T=\text{const.}} \qquad (4)$$

Die Analogie zur Gleichung der Strömung einer homogenen kompressiblen Flüssigkeit

$$\nabla^2 p = \frac{\varnothing\,\eta\,c}{k}\frac{\partial p}{\partial t} \qquad (5)$$

ist durch $p \to \varphi(p)$ offensichtlich.

Die bekannten Linearisierungen der Gasströmung mit dem quadratischen Druck p^2 bzw. direkt mit dem Druck p wurden bei VOIGT u. a. (1971) erläutert. In der praktischen Anwendung kann man zumeist eine der beiden Möglichkeiten benutzen.

2. Dynamische Methoden zur Vorratseinschätzung

Reservoir-Limit-Test (RLT)

Der Reservoir-Limit-Test wurde erstmals von P. JONES (1962) beschrieben. Im folgenden wird dieses Prinzip mit dem Realgaspotential entsprechend den Ausführungen unter Pkt. 1. verbunden.

Grundgleichungen des Reservoir-Limit-Tests

Das offene Porenvolumen innerhalb des Drainageradius berechnet sich aus

$$V_P = \pi\,\varnothing\,h r_d^2 \qquad (6)$$

Die dimensionslose Zeit t_{dD}, bei der die exakt instationäre Strömung beendet ist und demgemäß die anzuwendende instationäre Theorie ungültig wird, ist ein konstanter Wert bzw. ein begrenzter Übergangsbereich:

$$t_{dD} = \frac{k t}{\varnothing\,\eta_s\,c_s r_d^2} = \text{const.} \qquad (7)$$

Als dritte Gleichung wird eine Lösung der linearisierten, partiellen Differentialgleichung (3) herangezogen. Für den RLT gilt die bekannte Punktsenkenlösung, für Gas abgewandelt:

$$\varphi_{B_0} - \varphi_B(t) = \frac{Q_k p_N T_L}{2\pi k\, h T_N} \ln\frac{4\varkappa t}{\gamma r_{Be}^2} + \frac{b}{\eta_k} Q_k^2 \qquad (8)$$

bzw. die differenzierte Form:

$$-\frac{d\varphi_{Bf}}{dt} = \frac{Q_k p_N T_L}{2\pi k\, h T_N}\frac{1}{t} \qquad (9)$$

Mittels dieser drei Gleichungen ist nur die Berechnung von drei der fünf Unbekannten V_P, k, h, $\varnothing$, r_d möglich, also nur der Permeabilität k, des Produktes $\varnothing \cdot h \cdot r_d^2$ und des offenen Porenvolumens V_P im Drainagebereich.

Zur Bestimmung der dimensionslosen Zeiten t_{dD} bzw. t_{ED}

Zur Klärung der Begriffe zeigt Abb. 1 die Druckverteilung in einer Schicht. Hiernach ist der Drainageradius r_d stets kleiner als der wahre Einzugsradius r_E; der Wert r_d stellt eine fiktive Rechengröße ohne physikalische Bedeutung dar. Wie MUSKAT (1937) angibt, beträgt der Drainageradius r_d bei quasistationärer Strömung ($r_E = r_L$ · Lagerstätte ohne Zufluß über r_L) näherungsweise:

$$r_d = 0{,}472\, r_E$$

ARANOFSKY & JENKINS (1954) ermittelten aus Laborversuchen und L. JONES (1961) mittels Näherungslösung (schrittweise stationär) den gleichen Wert. SWIFT & KIEL (1962) geben auf Grund numerischer Lösungen der Differentialgleichung

$$r_d = 0{,}5\, r_E \qquad (10)$$

an.

Man kann also schlußfolgern: Auf das Druckverhalten einer Sonde hat nur das Gebiet innerhalb $0{,}5 \cdot r_E$, d. h. die Hälfte des tatsächlichen Einzugsradius, Einfluß. P. JONES (1962) drückte das treffend aus: „Eine Sonde kann eine Schichtgrenze jenseits von $r_E/2$ nicht ‚sehen'."

Aus der Theorie der instationären Strömung ist bekannt, daß die Dauer der exakt instationären radialsymmetrischen Strömung durch einen konstanten Wert t_{dD} begrenzt wird.

Wir wählen, wie P. JONES, einen Wert:

$$t_{dD(\text{inst})} = 0{,}25$$

d. h., im dimensionslosen Zeitbereich 0 bis 0,25 ist die Strömung instationär.

Für weitere Vorratstestmethoden wird die dimensionslose Zeit benötigt, die den Beginn der quasistationären Strömung charakterisiert. Hierbei muß von vornherein festgestellt werden, daß die exakte Bestimmung nicht möglich sein wird, da der Beginn der exakt quasistationären Strömung nicht eindeutig bestimmbar, sondern abhängig von der Rechen- und Meßgenauigkeit ist.

MILLER u. a. (1950) gaben für das analoge Problem des Druckaufbaus in einer Schicht ohne Zufluß über die Kontur eine dimensionslose Zeit

$$t_{ED} = \frac{k t}{\varnothing\,\eta_s c_s r_E^2} = 0{,}28\ (r_E = r_L)$$

an. HEEG (1968) gab in neuerer Zeit eine verbesserte Lösung des Druckaufbauproblems mit Endeffekt an und erhielt 0,32. L. JONES (1962) gibt für kleine dimensionslose Förderraten einen Näherungswert von 0,375. SAUPE (1963) berechnet den dimensionslosen Druckaufbau mit quasistationärer Anfangsbedingung, wobei sich aus der Darstellung ein Bereich von 0,3 bis 0,4 entnehmen läßt.

Aus den Arbeiten von MILLER und SAUPE geht anschaulich hervor, daß die Bestimmung der Zeit t_{ED} abhängig von der geforderten Genauigkeit des Druckaus-

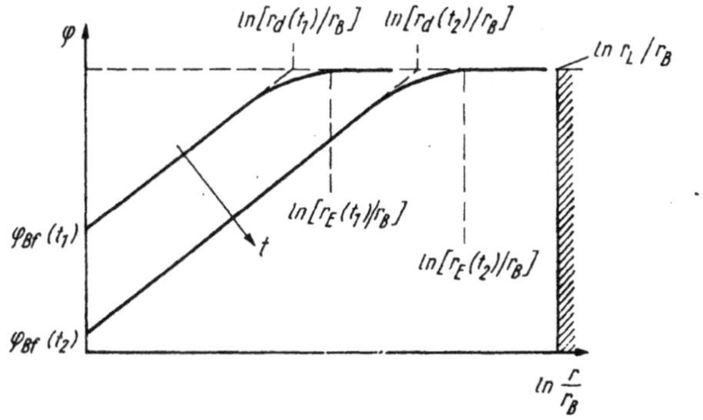

Abb. 1. Druckverteilung in einer Schicht, Definition des Einzugs- und des Drainageradius

(nach SWIFT u. a. 1962)

gleichs innerhalb des Radius r_E (bei Druckaufbau) bzw. von der Größe des geforderten Druckabfalls am Radius r_E bei Druckabfallmessung ist.

Vorratseinschätzung nach Reservoir-Limit-Test

Die Verbindung der Gleichungen (6), (7) und (9) ergibt das Porenvolumen des Drainagegebiets, wobei $t_{dD} = 0{,}25$ benutzt wird.

$$V_{Pd} = \frac{2Q_k p_N T_L}{\eta_s c_s T_N} \cdot \frac{1}{\left(-\frac{d\varphi_{Bf}}{dt}\right)} \tag{11}$$

Der Gasvorrat in diesem freien Porenvolumen ergibt sich mit

$$\frac{p_{Bs} V_{Pd} S_g}{T_L z_s} = \frac{p_N G_d}{T_N}$$

zu

$$G_d = \frac{2Q_k S_g p_{Bs}}{z_s \eta_s c_s \left(-\frac{d\varphi_{Bf}}{dt}\right)} \tag{12}$$

Entsprechend VOIGT u. a. (1971) kann Gl. (12) unter der Bedingung

$$\eta \cdot z \approx \text{const.}$$

bzw. Vorliegen kleiner Gradienten geschrieben werden:

$$G_d = \frac{2Q_k S_g p_{Bs} \eta_m z_m}{c_s \eta_s z_s \left(-\frac{dp_{Bf}^2}{dt}\right)} \tag{13}$$

$$\eta_m = \frac{\eta_s + \eta_B}{2}$$

$$z_m = \frac{z_s + z_B}{2}$$

Die Linearisierung mit p führt auf:

$$G_d = \frac{Q_k S_g}{c_s \left(-\frac{dp_{Bf}}{dt}\right)} \cdot \frac{p_{Bs}}{p_m} \cdot \frac{\eta_m z_m}{\eta_s z_s}$$

Nach den Ausführungen bei VOIGT kann die Linearisierung mit p bei stickstoffreichen Erdgasen nur angewendet werden, wenn

$$\frac{\eta_m z_m}{\eta_s z_s} > 0{,}9$$

oder $\frac{p}{\eta \cdot z}$ = const. im betrachteten Druckbereich $(p_{Bs} - p_{Bf})$ ist.

Wir erhalten näherungsweise die einfache Formel von P. JONES:

$$G_d = \frac{Q_k S_g}{c_s \left(-\frac{dp_{Bf}}{dt}\right)} \tag{14}$$

Es sei noch einmal festgestellt: Der Vorrat G_d ist der Vorrat innerhalb des fiktiven Drainageradius r_d.

Nach Gl. (10) ist bei Beginn des Übergangs von instationärer zu quasistationärer Strömung der tatsächliche Radius der Lagerstätte doppelt so groß. Da das Druckverhalten der Sonde jedoch keinen Aufschluß über mögliche Begrenzungen (Störungen, Kontakte) außerhalb von r_d gibt, ist der danach errechenbare Vorrat der Lagerstätte ein „möglicher Vorrat" (nach P. JONES: „possibly explored reserves").

Wir schreiben also Gl. (12):

$$G = \frac{8\, Q_k S_g p_{Bs}}{z_s \eta_s c_s \left(-\frac{d\varphi_{Bf}}{dt}\right)} \tag{12a}$$

bzw.

$$G = \frac{4 Q_k S_g}{c_s \left(-\frac{dp_{Bf}}{dt}\right)} \tag{14a}$$

Der tatsächliche Vorrat der Gesamtlagerstätte kann bei Vorliegen von Störungen oder Kontakten im Gebiet $r_d < r < r_L$ geringer als G sein. Charakterisiert der Wert $\left(-\frac{d\varphi_{Bf}}{dt}\right)$ bzw. $\left(-\frac{dp_{Bf}}{dt}\right)$ nicht das Ende der instationären Periode, so kann der tatsächliche Gesamtvorrat beliebig größer als G sein. Wir können aus diesem Grunde den „möglichen Vorrat" nicht zur Entscheidungsfindung irgendeiner Art heranziehen.

Liegen exakt quasistationäre Strömungsverhältnisse vor ($r_E = r_L$), so ist

$$-\frac{d\left(\frac{p_{Bf}}{z}\right)}{dt} = \text{const.}$$

Aus der Definition der Kompressibilität ergibt sich unter Beachtung, daß der über das Speichervolumen gewogene mittlere Schichtdruck näherungsweise dem statischen Schichtdruck vor Testbeginn entspricht, der Vorrat der Lagerstätte zu:

$$G = \frac{Q_k S_g}{c_s \left(-\frac{dp_{Bf}}{dt}\right)} \tag{15}$$

Wird der Zeitpunkt des Endes der instationären Periode richtig bestimmt, führen die Gl. (12a) bzw. (14a) und (15) zum gleichen Ergebnis.

Modifizierter Reservoir-Limit-Test

Die hier als modifizierter RLT benannte Test- und Auswertungsmethode wurde erstmals von L. JONES (1961) angegeben und von demselben Autor 1962 als „Reservoir Reserve Test" bezeichnet. Er geht von der Betrachtung der instationären Gasströmung als Aufeinanderfolge stationärer Zustände aus, wobei der Drainageradius r_d eine Funktion der Zeit ist. Für reinen Gasexpansionstrieb erhält man bei instationärer Strömung die gleichen Ergebnisse wie der Reservoir-Limit-Test.

Für quasistationäre Verhältnisse benutzt L. JONES die stationäre Strömungsgleichung, wobei der Druck an der Lagerstättengrenze nach Materialbilanz berechnet wird und der Drainageradius r_d entsprechend den obigen Ausführungen eingesetzt wird.

Turbulenz in der sondennahen Zone ist nach L. JONES (1961) ohne Einfluß auf die Vorratseinschätzung und wird vernachlässigt. Es gilt dann:

$$p_{Bs}^2 \left[1 - \frac{Q_k t}{G}\right] - p_{Bf}^2 = \frac{Q_k \eta p_N T_L z_m}{\pi k h T_N} \ln \frac{0{,}472\, r_E}{r_B} \tag{16}$$

Differentiation nach der Zeit ergibt:

$$-\frac{d p_{Bf}^2}{dt} = 2 Q_k \left[\frac{p_{Bs}^2}{G} - p_{Bs}^2 \frac{Q_k \cdot t}{G^2}\right] \tag{17}$$

Der Vorrat ergibt sich bei graphischer Darstellung

$$-\frac{d p_{Bf}^2}{dt} = f(t)$$

aus dem Ordinatenabschnitt.

Erweitertes Verfahren nach Muskat

Das erweiterte Verfahren von MUSKAT beruht auf der Lösung des Druckaufbauproblems mit Endeffekt. RUSSELL (1966) hat das Verfahren auf den Zweiratenfließtest und das Druckabfallproblem erweitert. Es setzt quasistationäre Strömung in der Förderperiode voraus. Für den Endeffekt der nachfolgenden Druckaufbaumessung gilt nach RUSSELL die für das Gas abgewandelte Gleichung

$$(\varphi_{Bs})_2 - \varphi_B(t) = 0{,}84 \frac{Q_k p_N T_L}{\pi k h T_N} \exp\left(-\frac{14{,}682 \varkappa\, t}{r_E^2}\right) \tag{18}$$

Die Realgasdruckfunktion $(\varphi_{Bs})_2$ ist bei dem mittleren Schichtdruck $(p_{Bs})_2$ also

$$(p_{Bs})_2 = (p_{Bs})_1 \left[1 - \frac{Q_k t}{G}\right]$$

zu nehmen.

Da der nach Gl. (18) auswertbare Endeffekt bei geringen Druckdifferenzen $(p_{Bs} - p_B)$ auftritt, kann (18) mit p-Linearisierung geschrieben werden:

$$\ln\left[(p_{Bs})_2 - p_B(t)\right] = \ln\left[0{,}84 \frac{Q_k \eta_s z_s T_L p_N}{2\pi k h p_{Bs} T_N}\right] - 14{,}682 \frac{\varkappa}{r_E^2} t \tag{19}$$

oder

$$\lg\left[(p_{Bs})_2 - p_B(t)\right] = \lg \beta_1 - \beta_2 t$$

Aus dem Ordinatenabschnitt $\lg \beta_1$ errechnet sich Kh. Aus der Steigung β_2 errechnet sich das Produkt $\varnothing \cdot r_E^2$ bzw. das offene Porenvolumen V_p zu

$$V_p = \frac{14{,}6819\ \mathrm{Kh}}{2{,}303 \eta_s c_s \beta_2} \tag{20}$$

bzw. der Gasvorrat der Lagerstätte zu

$$G = \frac{14{,}682 \pi k h\, p_{Bs} T_N S_g}{2{,}303 \eta_s c_s \beta_2 p_N T_L z_s} \tag{21}$$

Methode zur Vorratseinschätzung aus der Druckaufbauzeit

Diese Methode beruht auf Gl (6), (7) und der Kenntnis des Wertes Kh in der Lagerstätte. Entscheidend für dieses Verfahren ist die Bestimmung der dimensionslosen Zeit, Gl. (7). Für quasistationäre Strömung vor dem Schließen der Sonde, d. h., $r_E = r_L$, wird an Hand der obigen Erläuterungen eine dimensionslose Zeit

$$t_{ED} = \frac{k t}{\varnothing\ \eta c r_E^2} = 0{,}375$$

benutzt.

Nach Berechnungen von SAUPE (1963) unterscheiden sich nach dieser Zeit der Druck im Bohrloch vom mittleren Schichtdruck um weniger als 0,2%, d. h., es liegt nahezu völliger Druckausgleich in der Schicht vor. Als Beispiel sei genannt, daß sich für $t_{ED} = 0{,}25$ die Drücke um ca. 0,4% unterscheiden (bezogen auf mittleren Schichtdruck). Der Vorrat der Lagerstätte ergibt sich zu:

$$G = \frac{k h (p_{Bs})_1 S_g T_N}{0{,}375 \eta_s c_s z_s T_L p_N} \cdot t_s \tag{22}$$

Die Zeit t_s stellt die Druckaufbauzeit bis zum völligen Ausgleich des Druckes in der Lagerstätte dar (Abweichung $< 0{,}2\%$) und wird der Druckaufbaukurve entnommen.

Druckabfallmethode

Die Materialbilanz in einer Gaslagerstätte mit Gasexpansionstrieb reduziert sich auf die bekannte Druckabfallmethode. Nach Entnahme einer Gasmenge V tritt in der Lagerstätte ein Abfall des mittleren Schichtdrucks auf. Der Vorrat ergibt sich aus:

$$G = \frac{V \cdot \frac{(p_{Bs})_1}{z_1}}{\frac{(p_{Bs})_1}{z_1} - \frac{(p_{Bs})_2}{z_2}} \tag{23}$$

Entsprechend der Hypothese für klüftig-poröse Speicher wird Gl. (23) nur auf das Kluftsystem des Speichers angewendet, wobei der Druck $(p_{Bs})_2$ ein extrapolierter, fiktiver Druck ist.

Vorratseinschätzung in klüftig-porösen Speichern

Sämtliche bisher angeführten Methoden gelten entsprechend den Bedingungen des DARCY-Gesetzes für homogene, poröse Speicher. Der klüftig-poröse Speicher zeichnet sich dadurch aus, daß er hochpermeable Fließwege neben einer geringpermeablen Gesteinsmatrix besitzt. Die Klüfte als Fließwege stellen eine statistische Grundgesamtheit dar, so daß das Kluftsystem allein wie ein poröser Speicher behandelt werden kann.

Erfahrungen beim Abbau klüftig-poröser Erdöl- und Erdgaslagerstätten im SE der DDR zeigten, daß die Strömung von der porösen Matrix in das Kluftsystem erst bei einer bestimmten Druckdifferenz bemerkbar wird, wobei die Länge des Beobachtungszeitraums eine Rolle spielt. Wenn eine Sonde vom statischen Schichtdruck aus geöffnet wird, so wird vorrangig das Kluftsystem abgefördert. Während der ersten Periode, die bis einige Wochen dauern kann, ist die Produktion der Matrix in das Kluftsystem gegenüber der Produktion des Kluftsystems in die Sonde vernachlässigbar klein. Auch während der ersten Periode des Druckaufbaus ist die Produktion in das Kluftsystem nicht feststellbar. Erst im weiteren Druckaufbau macht sich die Auffüllung des Kluftsystems bemerkbar.

Die instationäre Strömungstheorie in klüftig-porösen Speichern zeigt jedoch die Begrenzung für diese Vorstellung. Die Strömung Matrix—Kluftsystem ist proportional dem Produkt: Zuflußparameter × Druckdifferenz zwischen Matrix und Kluftsystem. Der Zuflußparameter α_z ist

$$\alpha_z \approx \frac{k_M}{L_m^2}$$

d. h., nur bei sehr kleiner Matrixpermeabilität k_M im Vergleich zur Kluftpermeabilität ist die Strömung in das Kluftsystem vernachlässigbar und gilt obige Vorstellung. Der klüftig-poröse Dolomit in vielen bekannten Lagerstätten der DDR erfüllt diese Bedingung mit einem Verhältnis von Matrix zu Kluftpermeabilität von 10^{-1} bis 10^{-5}.

Für die Vorratseinschätzung in solchen klüftig-porösen Speichern kann man deshalb folgern:

1. Der Reservoir-Limit-Test ergibt den Vorrat des Kluftsystems, wenn während der Förderperiode entsprechend obiger Vorstellung der Zufluß in das Kluftsystem gering ist.
2. Die Druckabfallmethode ergibt den Gesamtvorrat; unter Verwendung eines extrapolierten Schichtdrucks im Kluftsystem jedoch den Kluftvorrat.
3. Das erweiterte Verfahren nach MUSKAT benutzt den Endeffekt des Gesamtsystems und ergibt den Gesamtvorrat.
4. Das Verfahren nach der Druckaufbauzeit benutzt den Druckaufbau des Gesamtsystems und führt zum Gesamtvorrat.

Es ist also möglich, in klüftig-porösen Speichern direkt den Gesamtvorrat zu bestimmen. Das erfordert jedoch stets den Druckaufbau bis zu statischen Verhältnissen und dauert bei genannten geringen Matrixpermeabilitäten Monate bis Jahre. Ist jedoch aus bohrlochgeophysikalischen Meßverfahren oder nach reservoirmechanischen Methoden die Kluftporosität bestimmbar, so kann der Gesamtvorrat nur aus dem Kluftvorrat errechnet werden:

$$G = G_{Kl} \frac{\varnothing_M S_{gM} + \varnothing_{Kl} S_{gKl}}{\varnothing_{Kl} S_{gKl}} \tag{24}$$

wobei in den meisten Fällen $S_{gM} = S_{gKl}$ mangels exakter Kenntnis gesetzt werden muß.

3. Auswertung der Ergebnisse von Vorratstesten in Erdgaslagerstätten

Das im vorigen dargelegte System von Auswerteverfahren und die daraus resultierende Technologie für die Testarbeiten wurde an mehreren kleineren Erdgaslagerstätten und -vorkommen angewendet.

Durchführung der Vorratsteste

Lagerstätte A stellt eine kleine Gaslagerstätte klüftig-porösen Typs mit einem hochpermeablen Kluftsystem dar. Die Sondenleistung der Testsonde ist hoch, so daß

Tab. 1. Zusammenstellung der relativen Vorratszahlen
Bezugswert (= 1,0): Lagerstätten A, B, C (klüftig-poröser Typ) — Druckabfallmethode (min.)
Lagerstätten D, E (poröser Typ) — Volumenmethode

Lagerstätte Typ	Vorrat	Volumenmethode	RLT	Modif. RLT	Verfahren MUSKAT	Verf. DAM	Druckabfallmethode min.	Druckabfallmethode möglich	Druckabfallmethode für Kluftsystem
A klüftig-porös	Kluftsystem gesamt		0,216 1,35	0,22 1,37	 1,25	 1,11	 1,00	 1,35	0,165 1,08
B klüftig-porös	Kluftsystem gesamt		0,251 0,698		 17,72	 18,73	 1,00	 1,52	0,229 0,636
C klüftig-porös	Kluftsystem gesamt						 1,00		0,217 1,01 1,28 (max.)
D porös	gesamt	1,00	min. 0,046 mögl. 0,182				0,184	0,261	
E porös	gesamt	1,00	0,89 3,54				0,89	1,92	

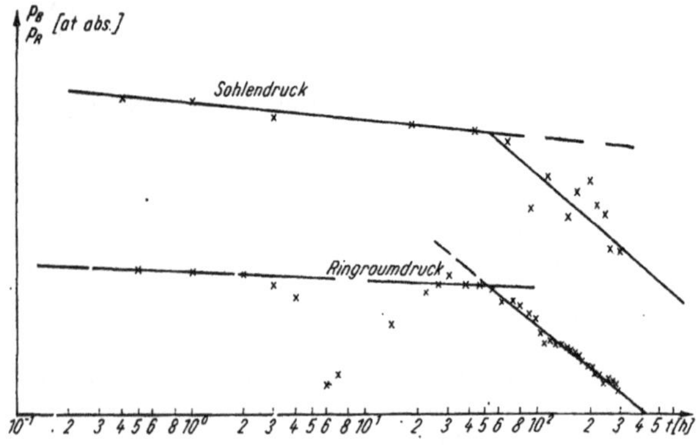

Abb. 2. Reservoir-Limit-Test A

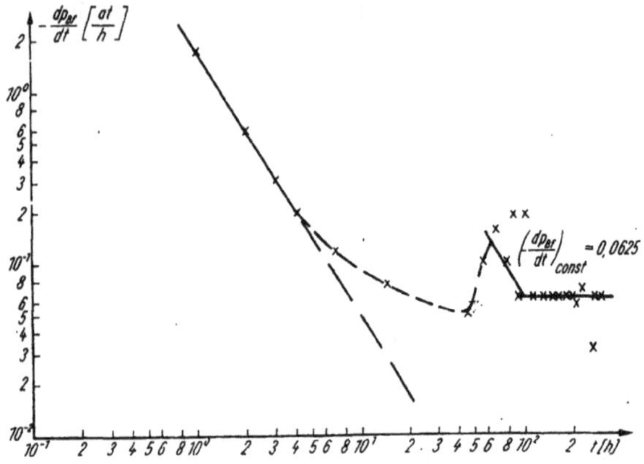

Abb. 3. Reservoir-Limit-Test A
(teilweise nach Interpolation der Meßwerte)

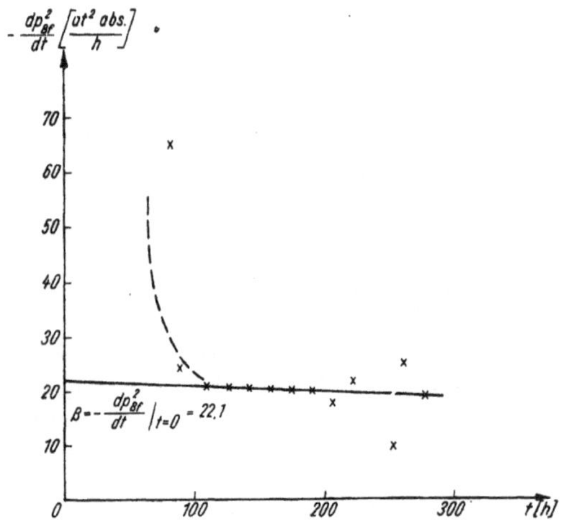

Abb. 4. Modifizierter Reservoir-Limit-Test A

folgende Technologie gewählt werden konnte: Förderperiode, vom statischen Schichtdruck ausgehend, mit konstanter Rate; Regulierung der Rate durch konstanten Blendendurchmesser im überkritischen Gasmengenmeßgerät; Durchführung der Förderperiode bis quasistationärem Zustand (des Kluftsystems); Druckaufbaumessung bis zur Konstanz des Druckes. Dieses einfache Verfahren erlaubt die Anwendung aller genannten Auswerteverfahren.

Lagerstätte B ist ein extrem kleines Vorkommen in klüftig-porösem Speicher. Die hohe Sondenleistung erlaubte die für A beschriebene Technologie.

Lagerstätte C entspricht dem Typ A. Die Verbindung von Leistungs- und Vorratstest erlaubt nur eine Vorrats-

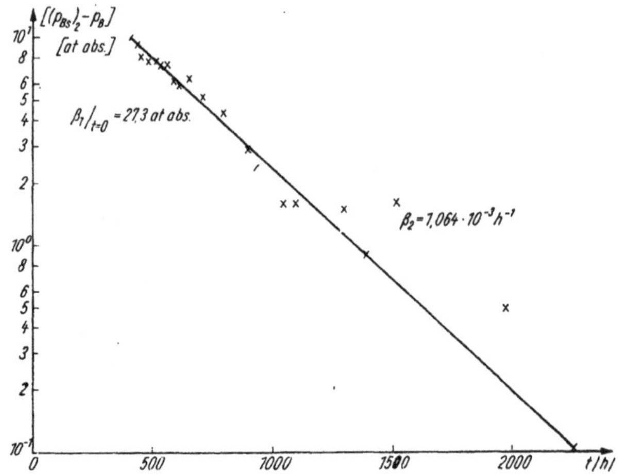

Abb. 5. Druckaufbaumessung A
Erweiterte MUSKAT-Methode

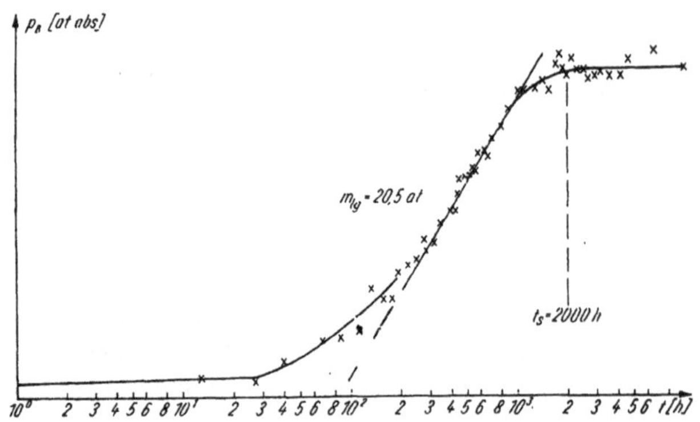

Abb. 6. Druckaufbaumessung A
(mit Sohlendrücken)

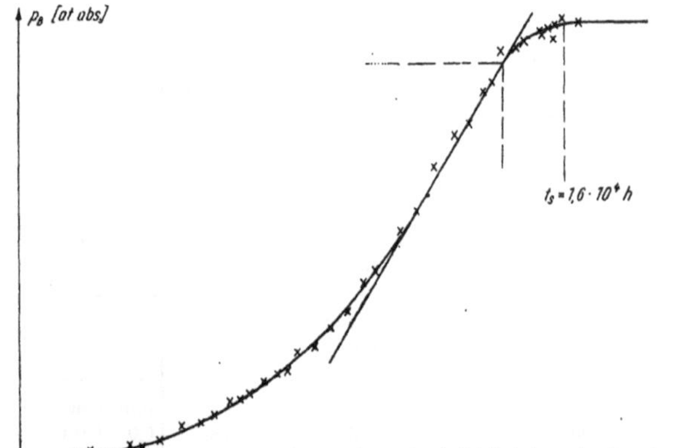

Abb. 7. Druckaufbaumessung B

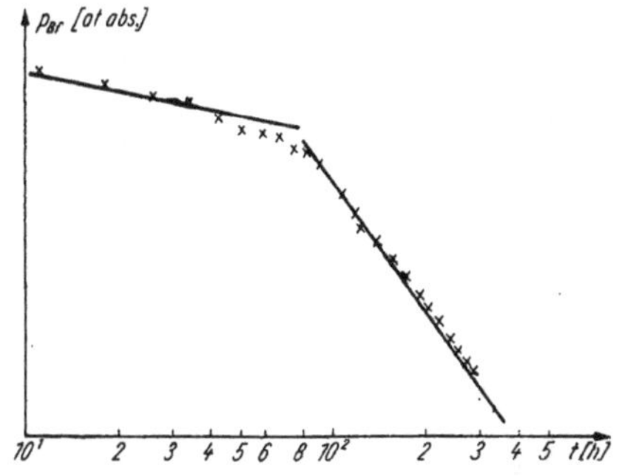

Abb. 8. Reservoir-Limit-Test B

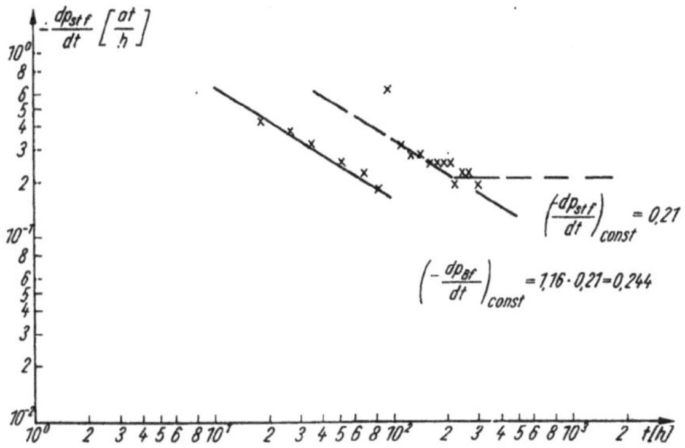

Abb. 9. Reservoir-Limit-Test B

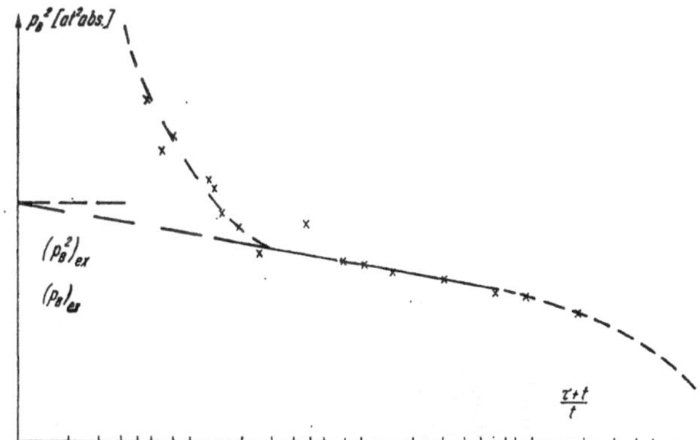

Abb. 10. Druckaufbaumessung B

Einschätzung der Ergebnisse

In Tab. 1 wurden die relativen Vorratszahlen zusammengestellt. Der Test in Lagerstätte A ergab nach der Druckabfallmethode kein exakt eindeutiges Ergebnis; ein um 35% höherer Vorrat ist möglich; die Druckaufbauzeit betrug ca. 4 Monate. Da der RLT (Abb. 2, 3, 4) und auch die Verfahren nach dem Endeffekt (Muskat, Druckaufbauzeit. Abb. 5, 6) sämtlich in der Größenordnung von 1,25 liegen, erscheint dieser Wert real. Ebenfalls erscheint der berechnete Kluftvorrat von ca. 0,2 gesichert.

Lagerstätte B ist ein anschauliches Beispiel für die Fehleinschätzung durch Endeffektverfahren. Der extrem lange Druckaufbau von ca. 2 Jahren (noch nicht abgeschlossen) läßt von vornherein vermuten, daß Randwasser in die Schicht einströmt (s. Abb. 7).

Für die Druckabfallmethode (min) wurde der Druckaufbau bei Abweichung von der Geraden (Abb. 7) als beendet angesehen, der mögliche Wert wurde durch Extrapolation des Druckes berechnet. Die Druckabfallmethode für das Kluftsystem (Abb. 10) sowie der RLT ergaben nur Werte von 0,7 (s. Abb. 8, 9).

Da beide Verfahren den durch Randwasser beeinflußten Endeffekt nicht verwenden, erscheinen die Ergebnisse gesichert. Die Endeffektverfahren zeigen mit Werten von 18 eindeutig, daß im späten Druckaufbaustadium Energie von außerhalb der Lagerstättengrenze zugeführt bzw. in diesem Stadium meßbar wurde, wobei es sich in vorliegendem Falle nur um Randwasser handeln kann (s. Abb. 11, 7).

Lagerstätte C ergab gute Übereinstimmung zwischen der Druckabfallmethode für Gesamt- und Kluftsystem, wobei letzteres Verfahren auf den Druckaufbau von ca. 6 Monaten verzichten kann. Zur Auswertung der Druckaufbaumessung und zur Extrapolation des Druckes wurde das Superpositionsverfahren herangezogen (Voigt u. a. 1971).

Die geringe Erkundung der Lagerstätte D/E durch nur zwei Sonden erlaubte nicht, eine begründete volumetrische Vorratsberechnung vorzulegen. Zur Nutzung war jedoch eine Abschätzung der Vorräte hinsichtlich der notwendigen und vertretbaren Investitionen zur Gasaufbereitung erforderlich. Infolge der Zweifelhaftigeinschätzung nach der herkömmlichen Druckabfallmethode bzw. deren Anwendung auf das Kluftsystem. Die Kluft- und Matrixporositätswerte wurden nach bohrlochgeophysikalischer Messung bestimmt.

Lagerstätte D ist ein kleines Vorkommen in porösem, teilweise geschichtetem Speicher. Infolge großer Teufe und starker Temperatureffekte bei der Kopfdruckmessung sind Druckaufbaumessungen nicht auswertbar. Die Technologie entspricht A, jedoch wurde kein stationärer Zustand erreicht.

Lagerstätte E ist von porösem Typ und stellt eine kleinere Lagerstätte in großer Teufe dar. Die Testdurchführung entspricht der für Lagerstätte A, jedoch wurde kein stationärer Zustand erreicht.

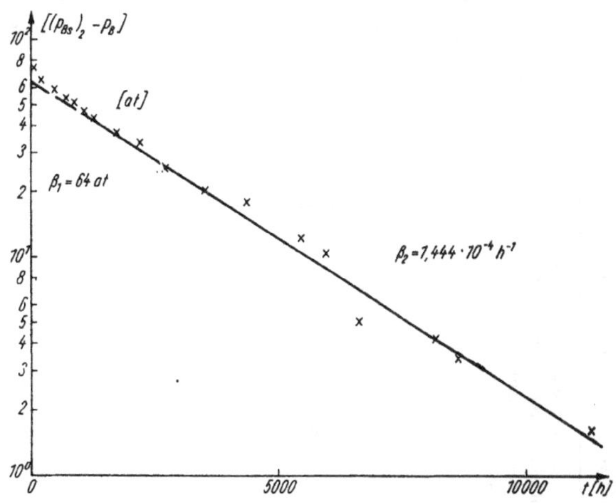

Abb. 11. Druckaufbaumessung B
Erweitertes Verfahren nach Muskat

Tab. 2a. Zusammenstellung der Vorratstestverfahren für Gaslagerstätten

Schematische Darstellung des technologischen Ablaufs (Druck- und Fördermengenverlauf)	Gleichungen im Maßsystem ES	Auswertung graphische Darstellung und typische Kurvenformen	Bedingungen zur Anwendung	Hinweise zur Auswertung
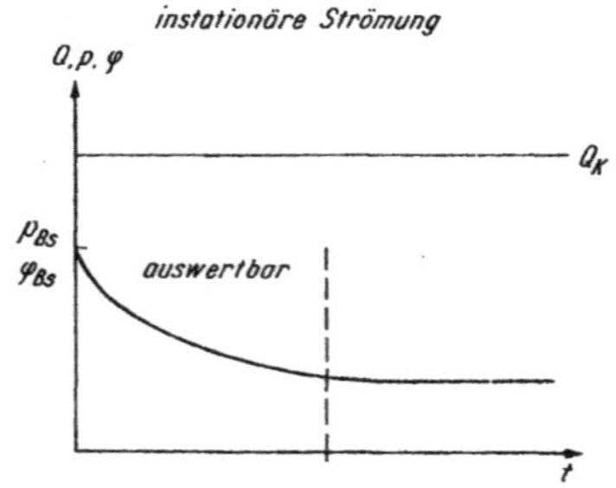 	1. **Reservoir-Limit-Test** **Vorrat im Drainagebereich** (r_d) 1.1 $G_d = \frac{2Q_K S_g p_{Bs}}{z_s \eta_s c_s \left(\frac{-d\varphi_{Bs}}{dt}\right)}$ für $\frac{\eta_m z_m}{\eta_s z_s} \geqq 0{,}9$ gilt 1.2 $G_d = \frac{Q_K S_g}{c_s \left(\frac{-d\,p_{Bf}}{dt}\right)}$ möglicher Vorrat im Einzugsbereich (r_E) 1.3 $G = \frac{8Q_K S_g p_{Bs}}{z_s \eta_s c_s \left(\frac{-d\varphi_{Bf}}{dt}\right)}$ bzw. 1.4 $G = \frac{4Q_K S_g}{c_s \left(\frac{-dp_{Bf}}{dt}\right)}$	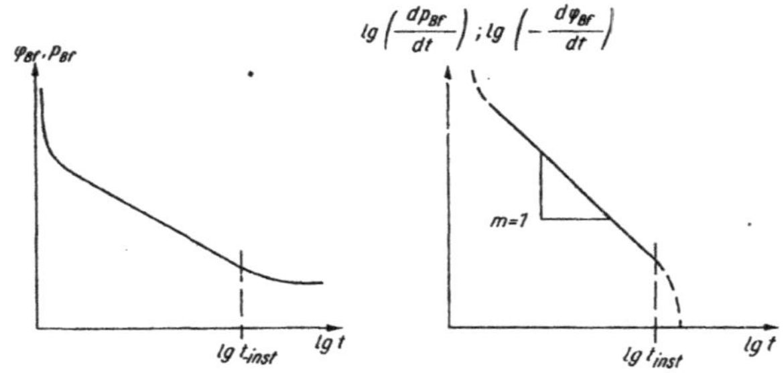 	1. Kreisrunde Lagerstätte mit Sonde im Zentrum 2. Gasexpansionstrieb 3. Erfüllung der an das DARCY-Gesetz geknüpften Bedingungen 4. Förderung mit konstanter Rate, von statischen Bedingungen ausgehend 5. Turbulenz in Sondennähe ist zulässig	1. $\frac{dp}{dt} \cong \frac{\Delta p}{\Delta t}$
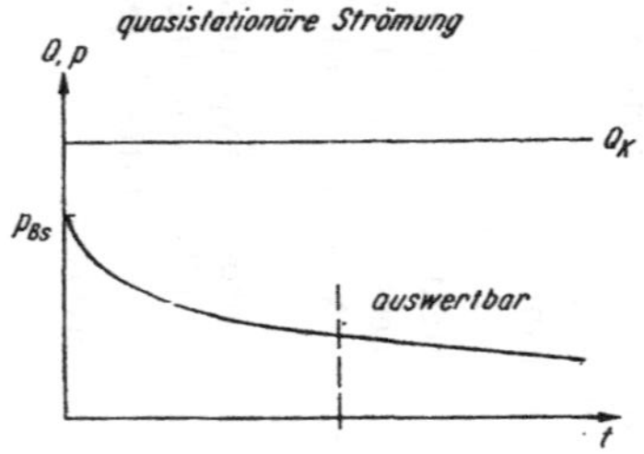 	Vorrat der Lagerstätte ($r_E = r_L$) 1.5 $G = \frac{Q_K S_g}{c_s \left(\frac{-dp_{Bf}}{dt}\right)}$ const.	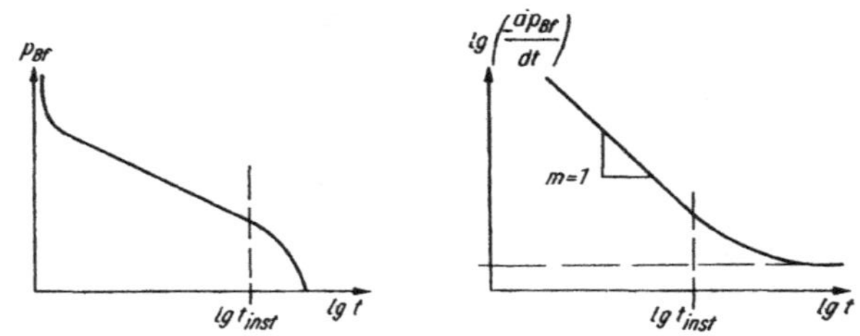 	1. Gasexpansionstrieb 2. Förderung mit konstanter Rate	1. s. oben
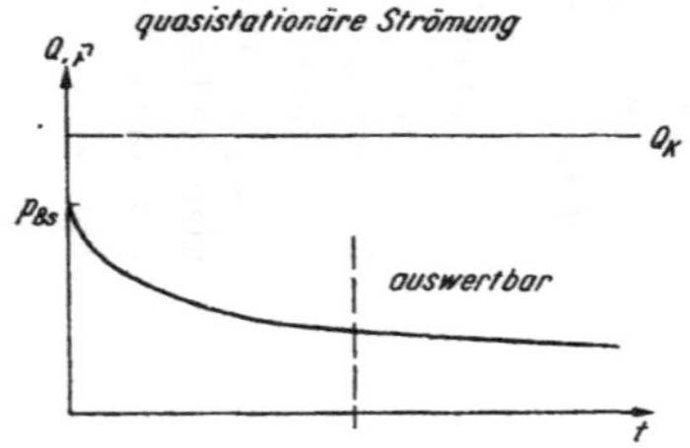 	2. **Modifizierter Reservoir-Limit-Test** **Vorrat der Lagerstätte** ($r_E = r_L$) 2.1 $\frac{-dp_{Bf}^2}{dt} = 2Q_K p_{Bs}^2 \left(\frac{1}{G} - \frac{Q_K \cdot t}{G^2}\right)$ 2.2 $G = \frac{2Q_K p_{Bs}^2}{\beta}$	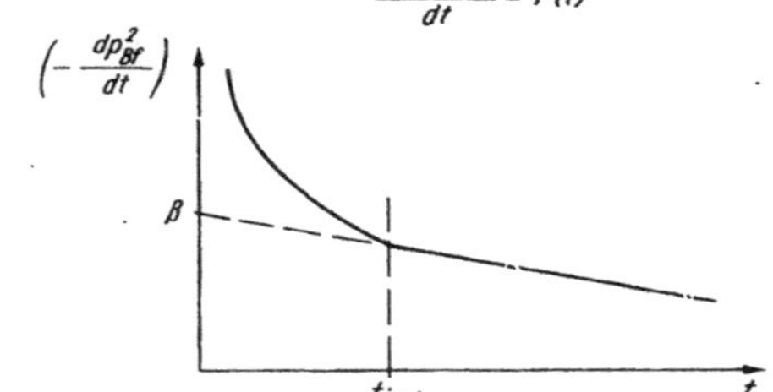 	1. s. Pkt. 1–5, RLT	1. $\frac{dp^2}{dt} = \frac{p_i^2 - p_{i-1}^2}{t_i - t_{i-1}}$

Schematische Darstellung des technologischen Ablaufs	Gleichungen im Maßsystem ES	Auswertung graphische Darstellung und typische Kurvenformen	Bedingungen zur Anwendung	Hinweise zur Auswertung
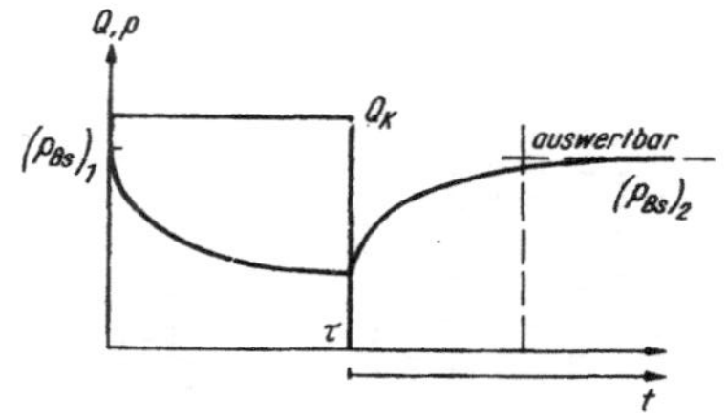	3. Erweitertes Verfahren nach MUSKAT 3.1 $G = 1{,}8451 \dfrac{kh(p_{Bs})_1 S_g}{z_s \eta_s c_s T_L \beta_2}$ 3.2 $kh = 1{,}4515 \dfrac{Q_K \eta_s z_s T_L}{(p_{Bs})_2 \beta_1}$ Wird kh aus 3.2 verwendet, lautet Gl. 3.1: 3.3 $G = 2{,}6781 \cdot \dfrac{Q_K S_g}{c_s \beta_1 \cdot \beta_2}$	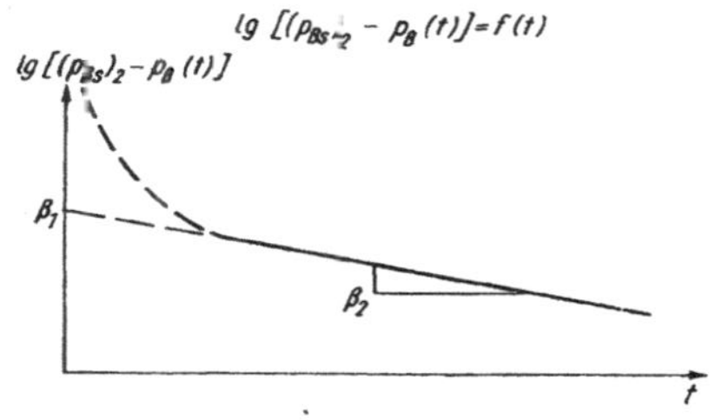	1. s. RLT, Pkt. 1–3 2. Förderung mit konstanter Rate von statischen Bedingungen ausgehend, bis Einstellen quasistationärer Strömung (Einfluß der Lagerstättengrenze) 3. Druckaufbau bis zur Feststellung des Endeffekts	1. Nur Endeffekt einer Druckaufbaumessung auswertbar 2. Q_K = constant ± 20% ist zulässig 3. kh nach Gl. 3.2 der Zusammenstellung oder anderer Methode berechnen kh muß gesamte Lagerstätte charakterisieren (Operatorenmethode unzulässig)
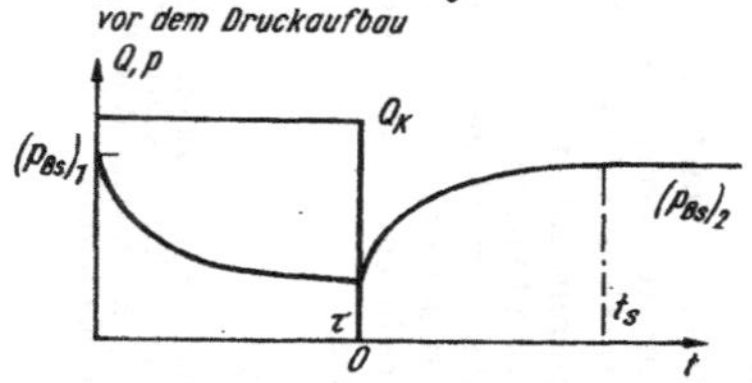	4. Vorratseinschätzung nach der Druckaufbauzeit 4.1 $G = 0{,}7716 \dfrac{k \cdot h t_s (p_{Bs})_1 S_g}{z_s \eta_s c_s T_L}$	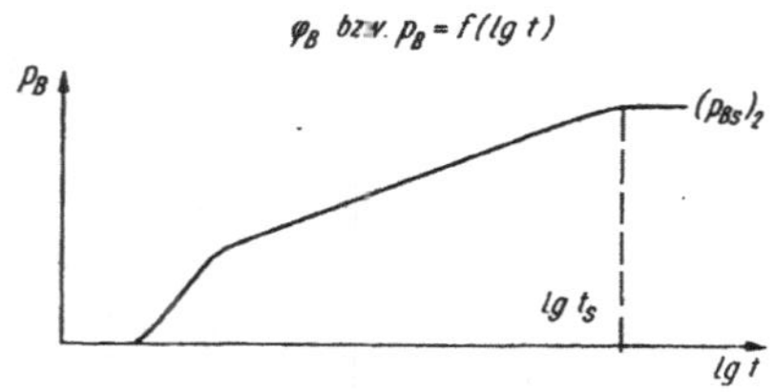	1. s. RLT, Pkt. 1–3 2. Förderung mit konstanter Rate, von statischen Bedingungen ausgehend, bis Einstellen quasistatischer Strömung 3. Druckaufbau bis zum statischen Druck	1. s. Erweitertes Verfahren nach MUSKAT, Pkt. 1–3
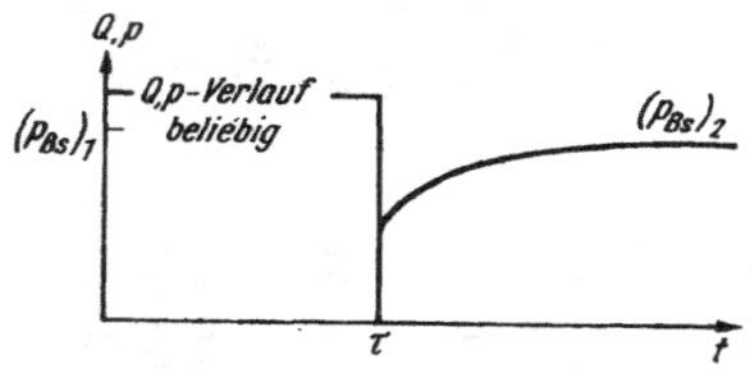	5. Druckabfallmethode 5.1 $G = \dfrac{V \cdot \left(\frac{p_{Bs}}{z}\right)_1}{\left(\frac{p_{Bs}}{z}\right)_1 - \left(\frac{p_{Bs}}{z}\right)_2}$	$V = \int_0^t Q(\delta)\, d\delta$	1. Gasexpansionstrieb 2. Druckaufbau bis zum statischen Druck	
Erregersonde I 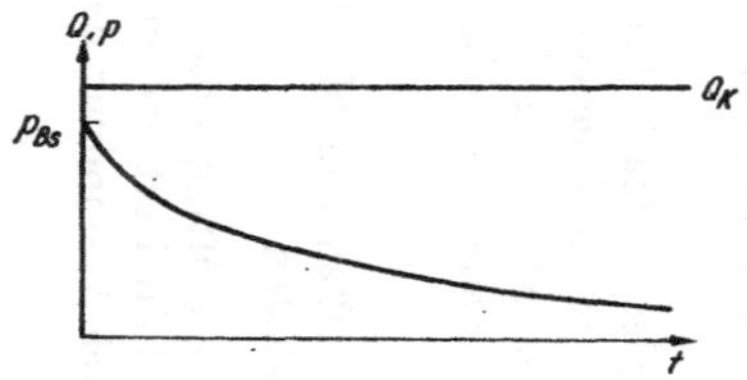 Beobachtungssonde II 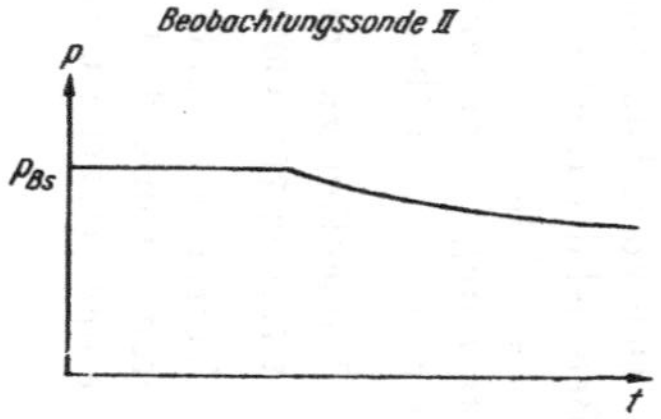	6. Spezifischer Vorrat aus Interferenzmessung 6.1 $\dfrac{[p_{Bs} - p_B(t)]_{II}}{0{,}8639 \dfrac{Q_{KI} \eta_s z_s T_L}{p_{Bs}(kh)_{II}}} =$ $= -Ei\left[-\left(\dfrac{\Phi h \eta_s c_s}{kh}\right)_{II} \dfrac{l^2}{t} \cdot 717{,}52\right]$ 6.2 $G_{sp} = \varnothing h S_g \dfrac{p_{Bs}}{z_s T_L} \cdot 264{,}36$	$-Ei(-x) = \dfrac{(\Delta p_B)_{II} p_{Bs}(kh)_{II}}{0{,}8639 \cdot (Q_K)_I \eta_s z_s T_L}$ $x = \ldots$ $\Phi h = \dfrac{(k \cdot h)_{II} \cdot t \cdot x}{717{,}52 \eta_s z_s l^2}$ Für $x < 10^{-2}$ bzw. $-Ei(-x) > 4$ gilt: $Ei(-x) = \ln x + 0{,}5772$	1. Erfüllung der an das DARCY-Gesetz geknüpften Bedingungen 2. Instationäre Strömung in der Erregersonde	

keit der Volumenmethode wurde auf jeder Sonde ein Vorratstest mit dem Ziel durchgeführt, eine Vorratszahl zu bestimmen, die sowohl eine Fehleinschätzung durch weit überhöhte Werte ausschließt, andererseits jedoch kein Hemmnis für die Vorbereitung der Nutzung des Gases durch übergroße Vorsicht bei der Angabe der Vorräte darstellt.

Lagerstätte D weist nach Volumenmethode weit überhöhte Werte aus, die weder durch RLT noch durch Druckabfallmethode bestätigt wurden. Selbst bei Hinzuziehung des späten Druckanstiegs in der Druckabfallmethode (Maximalwert), der möglicherweise durch Randwassernachdringen hervorgerufen wird, bleibt diese Situation erhalten. Als gesicherter Wert kann das Ergebnis der Druckabfallmethode von ca. 0,2 bezeichnet werden. Der nach RLT mögliche Vorrat von 0,182 unterscheidet sich nahezu nicht von dem der Druckabfallmethode.

Der in vorliegendem Falle über Monate andauernde Druckaufbau nach dem Vorratstest kann zwei Ursachen haben. Der geschichtetporöse Speicher füllt durch Querströmung die hochpermeablen, aber geringmächtigen Lagen aus den weniger permeablen Lagen auf. In diesem Falle ist der Maximalwert der Druckabfallmethode real.

Die zweite Ursache kann in einem möglichen Nachdringen von Randwasser bestehen, wobei der minimale Wert der Druckabfallmethode mit kurzer Druckaufbauzeit nach dem Test als real anzusehen wäre. Infolge dieser Unklarheit muß der minimale Wert der Druckabfallmethode als Vorratszahl des Blockes D ausgewiesen werden.

Lagerstätte E weist eine relativ gute Übereinstimmung der Vorratszahlen nach Volumenmethode, RLT und Druckabfallmethode auf. Da die reservoirmechanischen Methoden den eindeutigen Schluß zulassen, daß die hiermit ausgewiesenen Vorräte minimal enthalten sind, kann das Ergebnis der Volumenmethode als gesichert angenommen werden, wobei die reservoirmechanischen Methoden die Möglichkeit eines höheren Vorrats nicht ausschließen.

Die Ergebnisse der Vorratsteste zeigen, daß durch die Anwendung hydrodynamischer Berechnungsverfahren zusätzliche Informationen, z. T. von entscheidendem Einfluß, gewonnen werden können. Der technische Aufwand ist bei Einfügung in die routinemäßigen Testarbeiten vergleichsweise gering. Die komplexe Bearbeitung von Vorratseinschätzungen ermöglicht die Bestimmung des Kluftvorrats, der Kluftporosität und des Gesamtvorrats in klüftig-porösen Speichern. Hinzu kann der Gesamtvorrat des öfteren schon bedeutend früher eingeschätzt werden, als es nach der Druckabfallmethode möglich wäre.

In porösen Lagerstätten größeren Ausmaßes ist die Bestimmung des Vorrats selten nach hydrodynamischen Methoden möglich.

Der Vorteil der komplexen Bearbeitung liegt, wie am Beispiel der Lagerstätte D und E gezeigt, in der Verhütung eklatanter Fehleinschätzungen (Fall D) bzw. Bestätigung der im Fall E zweifelhaften Einschätzung nach der Volumenmethode.

4. Vorschläge zur rationellen Durchführung und Auswertung von Vorratstesten

Vorratsteste sollten in klüftig-porösen Speichern stets bereits während der Initialtestarbeiten durchgeführt werden. Dabei ist durch Verbindung der Arbeiten ein geringer Mehraufwand erforderlich. Auch bei Bohrungen, die voraussichtlich ein einheitliches hydrodynamisches System erschlossen haben, sollte nicht darauf verzichtet werden. Einmal kann der Vorratstest mit einem Interferenztest gekoppelt werden, zum anderen sollte in klüftig-porösen Speichern die geologische Aussage — einheitliches System — stets hydrodynamisch überprüft werden.

In großen Gaslagerstätten porösen Typs sollten einzelne Erkundungsbohrungen nach dem Leistungstest eine Langzeitmessung mit konstanter Förderrate durchführen. Diese Messung kann im Bedarfsfall nach Vorratstestmethoden ausgewertet werden, ansonsten dient sie der Untersuchung der weiteren Umgebung der Bohrung bzw. der Interferenzbestimmung. Aus all diesen Anforderungen und den Ergebnissen der bisherigen Testarbeiten ergibt sich folgende Verfahrensweise beim Test von Gassonden:

1. Freifördern der Sonde;
2. Druckaufbaumessung zur Bestimmung der Schichtparameter und Messung des statischen Sohlendrucks;
3. Leistungstest;
4. Druckaufbaumessung bis in die Höhe des statischen Sohlendrucks;
5. Langzeitmessung-Vorratstest; Förderung mit $Q = \text{const.}$, Messung des Sohlendrucks, Durchführung der Förderperiode bis a) Einstellen des quasistationären Zustandes (im Kluftsystem), b) zur nicht mehr meßbaren Änderung des Druckes bei instationärer Strömung;
6. Druckaufbaumessung. In großen Gaslagerstätten erübrigt sich der Druckaufbau bis zu statischen Bedingungen.

Zusammenfassung

In vorliegender Arbeit wurden die aus der Literatur bekannten gasdynamischen Methoden zur Vorratseinschätzung abgeleitet und ihr Gültigkeitsbereich abgegrenzt. Es werden die Methoden und die technologischen Anforderungen an die Testdurchführung zusammengestellt. An Hand einiger praktischer Anwendungen wurde die Nützlichkeit solcher Vorratstests im Such- und Erkundungsstadium aufgezeigt. Dabei kann insbesondere das wirtschaftliche Risiko vermindert werden. Es werden Hinweise zur rationellen Testdurchführung gegeben.

Резюме

В данной работе были выведены известные из литературы газодинамические методы для оценки запасов. Область их применения была разграничена. Были составлены методы и технологические требования к проведению испытаний. На нескольких практических примерах была показана полезность таких проверок запасов на стадии поиска и разведки. При этом возможно в особенности сократить хозяйственный риск. Даются указания по рациональному проведению испытаний.

Summary

Gas-dynamic methods known from the literature for estimating resources were derived and delimitated with respect to their validity. Both the methods and technological requirements to be satisfied by the procedure were reviewed and the usefulness of such tests for the prospecting and exploratory stages were shown by some practical applications. It is emphasized that the economic risk in particular can be reduced. Informations are given on a rational test procedure.

Literatur

ARANOFSKY, J. S., & R. JENKINS: A Simplified Analysis of Unsteady Radial Gas Flow. – Trans. AIME, vol. 201, S. 149 ff. (1954).

HÄFNER, F.: Zur instationären Strömung in porösen Speichergesteinen. – Diss. Freiberg 1970.

HEEG, W.: Hydrodynamische Erkundungs- und Untersuchungsmethoden in übertiefen Bohrungen. – Vortr. Berg- und Hüttentag, Bergakad. Freiberg 1968.
JONES, L. G.: An Approximate Method for Computing Non-Steady-State Flow of Gases in Porous Media. – Soc. Petr. Eng. Journ., S. 264, Dez. 1961.
– Reservoir Reserve Test. – Journ. Petr. Techn., S. 333–337, März 1962.
JONES, P.: Reservoir Limit Test on Gas Wells. – Journ. Petr. Techn., S. 613–619, Juni 1962.
MILLER, C. C., A. B. DYES & C. A. HUTCHINSON: The Estimation of Permeability and Reservoir Pressure from Bottom Hole Pressure Build-up Characteristics. – Trans. AIME, vol. 189, 91–104 (1950).
MUSKAT, M.: The Flow of Homogeneous Fluids Through Porous Media. – McGraw-Hill Book Co., New York 1937.
RUSSELL, D. G.: Extensions of Pressure Build-Up Analysis Methods. – Journ. Petr. Techn., Nr. 12, 1624–1636 (1966).
SAUPE, H.: Die Durchlässigkeitsbestimmung erdölführender Gesteine mit gasgesättigtem Öl unter Bedingungen, die Lagerstättenverhältnissen ähneln. – Unveröff. Abschlußber., Gommern 1963.
SOTOW, G. A.: Problishennoe reschenie sadatschi o perwoj fase nestazionarnoj filtrazii realnogo gasa w plaste, parametry kotorogo sawisjat ot dawlenija. – Sbornik VNII gas, wyp. I. S. 100–108, Gostoptechisdat, Leningrad 1963.
SWIFT, G. W., & O. G. KIEL: The prediction of Gas Well Performance including the Effect of Non-Darcy-Flow. – Journ. Petr. Techn., S. 791 to 798, Juli 1962.
VOIGT, H. D., & F. HÄFNER: Die Anwendung des Superpositionsverfahrens beim Test von Erdgassonden. – Z. angew. Geol., **17**, 8, 311–318, Berlin 1971.

Verzeichnis der Symbole

Die im Text erwähnten Gleichungen gelten im Einheitensystem SI (Internationales System). In Tab. 2 werden die Gebrauchsgleichungen im praktischen Erdölfeldmaßsystem (ES) angegeben. Die hier gegebenen Dimensionen beziehen sich auf ES.

b	— Turbulenzkoeffizient	
c	— Gesamtschichtkompressibilität	at^{-1}
c_g	— Gaskompressibilität	at^{-1}
G	— Erdgasvorrat	m^3 i. N.
G_d	— Erdgasvorrat innerhalb des Drainageradius r_d	m^3 i. N.
G_{Kl}	— Gasvorrat im Kluftsystem	m^3 i. N.
h	— effektive Mächtigkeit	m
k	— effektive Permeabilität für Gas	mD
p	— Druck	at abs
p_B	— Sohlendruck	at abs
p_{Bf}	— Sohlendruck bei fördernder Sonde	at abs
p_{Bs}	— Sohlendruck bei statischen Bedingungen	at abs
p_N	— Normdruck	1,033 at abs
p_R	— Ringraumkopfdruck	at abs
Q	— Förderstrom	m^3 i. N./h
Q_K	— konstanter Förderstrom	m^3 i. N/h
r	— Radius	m
r_B	— Bohrlochradius	m
r_{Be}	— effektiver Bohrlochradius	m
r_d	— Drainageradius	m
r_E	— Radius der Einzugskontur	m
S_g	— Gassättigung	
S_{gM}	— Gassättigung der Matrix	
S_{gKl}	— Gassättigung des Kluftsystems	
T_L	— Lagerstättentemperatur	°K
T_N	— Normtemperatur	273° K
t	— Zeit	h
V	— Volumen	
V_p	— Porenvolumen	m^3
Z	— Realgasfaktor	
η	— dynamische Viskosität	cP
$\varkappa$	— Druckleitfähigkeit	$\frac{m^2}{s}$
γ	— Eulerkonstante = 1,78	
$\varnothing$	— Porosität	
$\varphi(p)$	— Realgaspotential	

Indizes

B	— Bohrlochsohle
D	— dimensionslos
d	— Drainage
E	— Einzugskontur
f	— fördernd
K	— konstant
N	— Normzustand
R	— Ringraumkopf
s	— statisch

Die tektonischen Voraussetzungen und Besonderheiten der Erdöl-Erdgas-Akkumulation im System des Weltozeans

L. E. LEWIN & E. CHAIN, UdSSR

Die Aufmerksamkeit der Geologen verschiedener Länder wendet sich immer mehr dem Problem der Ausbeutung von Erdöl-Erdgas-Ressourcen im Weltmeer zu (KALINKO 1964, 1969; KUSNEZOW, LEWIN u. a. 1970; FEDINSKIJ 1969; OLENIN & SOKOLOW 1970; SOKOLOW & SEREGIN 1970; MCKELVEY & WANG 1969; EMERY 1963, 1969; WEEKS 1967; WORZEL 1968 u. a.). Das hat seine Hauptursache darin, daß gegen Ende der 60er Jahre unseres Jahrhunderts die marinen Öl- und Gaslagerstätten 400 an Zahl überstieg und die marine Gewinnung ungefähr 17% der Weltförderung an Erdöl und Erdgas betrug. Die Lagerstätten liegen größtenteils innerhalb der Hauptgürtel mit Erdöl-Erdgas-Muttergesteinen und -speichergesteinen der Erde, die sich gesetzmäßig entlang den Kontinentalrändern erstrecken und sogar die Senken von Binnenmeeren umfassen (CHAIN 1971).

Hierbei zeigen die Fakten, die im Ergebnis der Arbeiten der Seegeophysik und der Durchführung von Bohrprogrammen in tiefen Wasserbereichen angefallen sind, daß die für die Suche nach Erdöl und Erdgas perspektivische Sedimentschicht nicht nur auf den vom Wasser überfluteten Kontinentteilen und Kontinentalabhängen verbreitet ist, sondern in vielen Fällen auch in größeren Wassertiefen auftritt. Für das gegenwärtige Stadium der Erforschtheit einer Reihe von Gebieten des Weltozeans können die tektonischen Besonderheiten der Erdöl- und Erdgasführung nur in erster Näherung angegeben werden. Das gesamte veröffentlichte Material der sowjetischen und ausländischen seismischen Arbeiten ermöglicht, in Zusammenhang mit den Kenntnissen über den geologischen Bau der Kontinente, ein wahrscheinliches Modell der Beschaffenheit der Sedimentschichten des Weltozeans zu entwerfen und folglich auch eine Analyse der allgemeinen Fragen mariner Geologie von Erdöl und Erdgas auszuführen.

Aus: „Iswestija AN SSSR", ser. geol., Moskau 1971, 3, S. 34–49.
Übers.: A. KRÜGER, Berlin.

Der Bau der Sedimentschichten im Weltozean

Der Weltozean stellt ein kompliziertes System von Becken dar, die durch mittelozeanische Gebirgsrücken, tektonische Schollen und vulkanogene Gebirgszüge voneinander getrennt sind. Tektonische und historisch-geologische Besonderheiten ihres Baues sind die Folgen einer langen geologischen Entwicklung, die diese Gebiete im Verlauf des Neogens, aber hauptsächlich im Mesozoikum und Känozoikum durchlaufen haben. Innerhalb der Thalassosyneklisen führten diese Besonderheiten im allgemeinen zur Ausbildung von drei Schichten der Erdrinde. Die „erste Schicht" wird aus schwachverfestigten Sedimenten gebildet, die überwiegend känozoisches Alter haben. Über die „zweite

Schicht" mit einer Geschwindigkeit der seismischen Wellen von 2,0 bis 5,0 ··· 5,8 km/s gehen die Meinungen noch auseinander. Ungeachtet dessen gibt es immer mehr Angaben darüber, daß es sich hierbei um konsolidierte Sedimentgesteine handelt, die manchmal von Lavaströmen bedeckt werden. Die Anzahl dieser Lavaströme wächst in der „dritten Schicht", besonders in Gebieten mit aktivem rezentem submarinem Vulkanismus und mit wachsender Annäherung an die mittelozeanischen Gebirgsrücken, steil an. In anderen Fällen jedoch können die Lavaströme die Rolle des undurchlässigen Daches für Kohlenwasserstoffanhäufungen spielen. Die „dritte Schicht" hat aus klarfaßbaren Gründen keine direkte Beziehung zu der vorliegenden Analyse. Unter Zugrundelegung dieser Vorstellungen wurden beim Entwurf eines Schemas (s. Schema) der gesamten Schichtenmächtigkeit alle die Schichten berücksichtigt, die durch Geschwindigkeiten der seismischen Wellen von 1,5 bis 5,0 km/s charakterisiert sind. Werte von 5,0 bis 5,8 km/s wurden dann verworfen, wenn es sich im Zusammenhang mit der tektonischen Charakteristik dieses oder jenes Strukturelements als notwendig erwies.

Entsprechend dem Entwicklungsgang der Erdrinde ist die Mächtigkeit der potentiellen öl- und gashöffigen Sedimentschicht und ihr stratigraphischer Bereich in den verschiedenen Gebieten des Weltozeans ungleichmäßig (s. Schema). Maximalwerte, die 15,0 bis 20,0 km erreichen, wurden vorwiegend in den Senken der Rand- und Binnenmeere festgestellt. Sie umfassen in der Mehrzahl der Fälle das gesamte Phanerozoikum (Barentssee, Nordsee u. a.) oder, in geringerem Umfang, Mesozoikum und Känozoikum (Kaspisches Meer, Golf von Mexiko). Eine minimale Entwicklung dieser Schichten (1,0 km und geringer) ist entlang den Gebirgsrücken von unterschiedlichem Typus und unterschiedlicher Genese ausgebildet. Altersmäßig gehören diese Schichten in das späteste Känozoikum. In den Schichten, die die Abhänge der mittelozeanischen Rücken bilden, ist nicht selten eine Zunahme der Schichtenmächtigkeiten bis zu 2,0 km und darüber zu beobachten. Das wird mit Einfluß von Schlammströmen und des submarinen Vulkanismus auf die Sedimentbildung erklärt (WORZEL 1968 u. a.).

Die wichtigste Besonderheit des vorgelegten Modells besteht darin, daß es möglich ist, fünf große Segmente der Erde einzeln zu betrachten: das Pazifiksegment, das Indiksegment, das Atlantiksegment, das Arktiksegment und das Antarktiksegment. Vom historisch-geologischen Standpunkt aus betrachtet entspricht die angewandte Reihenfolge der Aufzählung einer Entwicklungsreihe vom ältesten (Pazifik) zum jüngsten Segment (? Arktik).

Im Pazifiksegment,

wozu in tektonischer Hinsicht auch die Becken des Karibischen Meeres und des Golfs von Mexiko gehören, können deutlich drei Gebiete ausgehalten werden, die sich im geologischen Bau sehr scharf voneinander unterscheiden.

Das erste Gebiet

umfaßt die inneren Bezirke des Pazifiks mit einer Kruste vom ozeanischen Typ. Es läßt sich in drei große Sektoren aufgliedern: einen südöstlichen, einen zentralen und einen westlichen. Der südöstliche Sektor erstreckt sich vom Ostpazifikgebirgsrücken bis Südamerika. Auf einer „basaltischen" Basis liegt hier eine äußerst geringmächtige Deckschicht (nicht mehr als 500 bis 800 m), die sich aus schwachverfestigten, vorwiegend terrigenen Ablagerungen känozoischen Alters zusammensetzt. Nur vereinzelt, in der Nähe der Kontinente, erhöht sich die Mächtigkeit dieser Sedimente auf 2,0 km und mehr (ALLEN 1966; HAYS 1966; RAITT 1956 u. a.).

Der zentrale Sektor umfaßt den Ostpazifikrücken, der nach neuesten Angaben fast bis Alaska reicht, und weiter fast ein Drittel der Fläche des Stillen Ozeans. Von einer bedeutenden Sedimentbedeckung in diesem Sektor kann allgemein keine Rede sein, da die Mächtigkeit dieser Sedimente zehn Meter nicht überschreitet (JOIDES 1969; DECHINGER u. a. 1968 u. a.). Beim Aufbau des westlichen Sektors spielen die vulkanogenen Rücken, aber auch die Schollengebirgsrücken eine führende Rolle. Die Mächtigkeit der Schichten mit seismischen Geschwindigkeiten von 2,0 bis 5,5 km/s überschreitet hier in der Regel nicht 1,0 km. Nur in der zentralen Zone der Rücken wächst sie manchmal auf 5,0 km und mehr an, was wahrscheinlich durch das Überwiegen der vulkanogenen Bildungen im Profil bedingt ist (GAJNANOW & STROJEW 1969; ZDOROWENIN 1970; LISIZYN 1969, UDINZEW 1959; UDINZEW u. a. 1965; FUROMOTO & WOOLLARD 1965; GEORGE & SHOR 1960; RAITT 1956).

Eine solche Verringerung der Sedimentmächtigkeit auf 1,0 km und geringer sowie die Vielzahl vulkanogener Schichten und Einschaltungen, die im Profil zu verzeichnen sind, schaffen in diesem Bezirk eine Situation, die für eine Akkumulation von Erdöl und Erdgas ungünstig ist.

Zweites Gebiet

Der Thalassokraton des Stillen Ozeans wird von dem fast ringförmigen System der Tiefseegräben abgegrenzt. Diese stellen wahrscheinlich eines der jüngsten tektonischen Strukturelemente der Erde dar, da die Mehrzahl der Gräben nicht früher als im Pleistozän gebildet wurde (KING 1967). Für die behandelte Frage ist es wichtig, daß die Sedimente in ihnen horizontal gelagert sind und keinerlei Anzeichen von Verfestigung und Deformierung aufweisen. In Analogie zu anderen Sedimentschichten kann angenommen werden, daß die Prozesse der Erdöl-Erdgas-Akkumulation in den Tiefseegräben bisher noch nicht stattfanden.

Auf der Innenseite des tektonischen Pazifikgürtels ist eine Serie voneinander isolierter, abgeschlossener oder halbgeschlossener eugeosynklinaler Senken entwickelt, die sich in der orogenen Entwicklungsetappe der Insel- und Gebirgsbögen gebildet haben. Die Kruste dieser Becken ist entweder von subkontinentalem Typ oder stellt einen Übergang vom kontinentalen zum subkontinentalen Typ dar. Vom Ozean werden sie nicht durch Erhebungen abgegrenzt, sondern durch Tiefseegräben oder durch den Kontinentalabhang, innerhalb deren sich die Mächtigkeit der Sedimentschicht von 8 bis 12 km (in Kalifornien 18,0 km) auf 1,0 km und weniger verringert. Die Becken sind mit orogen entstandenen Formationen ausgefüllt, die vorwiegend

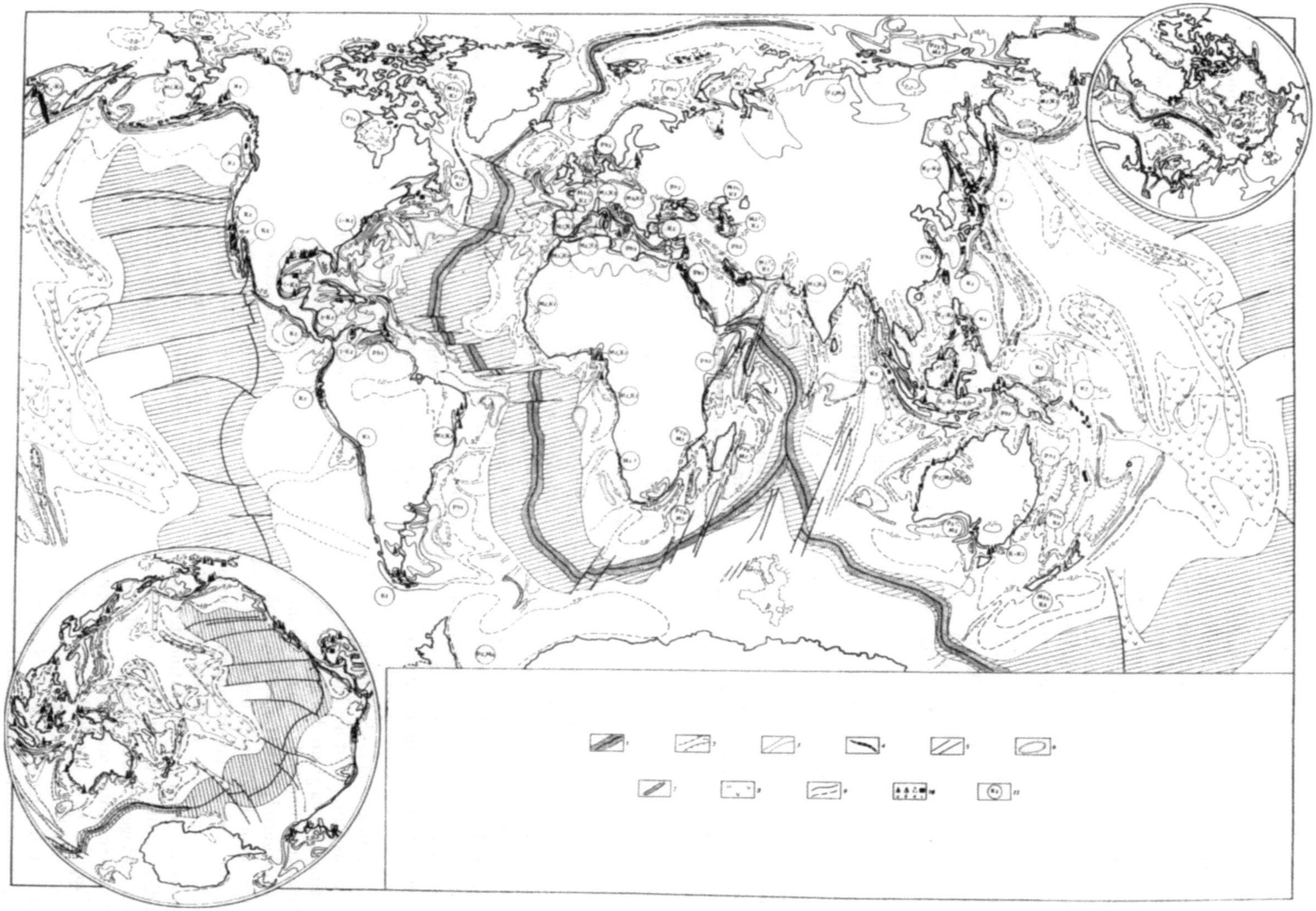

Schema der Mächtigkeitsverteilung und des stratigraphischen Umfangs potentiell erdöl-erdgas-führender Schichten im rezenten System des Beckens des Weltozeans

Bei der Zusammenstellung wurden folgende Quellen benutzt: Physikalisch-geographischer Weltatlas (1964); Materialien des WNIIMORGEO, des IO und IFZAN SSSR; des NIIGA, NIL Zarubeshgeologii, JOIDES (COLETTE, B. J.; DITZ, R. S.; DRAKE, C. L.; EWING, J.; EWING, M.; FRANCIS, T. J. D.; HUNKINS, K.; HEEZEN, B. C.; LUDWIG, W. J.; NAFE, J. E.; SHOR, G. G. J.; VEEVERS, J. J.; WORZEL, J. L.; u. a.)

1 – Achsenzonen der mittelozeanischen Rücken, enge Schraffur = Abhang der Rücken; 2 – Bruchrücken; 3 – vulkanische Rücken; 4 – Rifte; 5 – Lineamente; 6 – Tiefsee-Ebenen; 7 – Tiefseerinnen; 8 – Gebiete mit überwiegend vulkanischen Gesteinen im Profil der II. seismischen Schicht; 9 – Isopachen: A = sehr wahrscheinliche, B = vermutete; 10 – Lagerstätten: a = Erdöl, b = Erdgas/Erdöl, c = Erdgas, d = Erdöl-Erdgas-Führung von prinzipieller Bedeutung; 11 – stratigraphisches Intervall der potentiell erdöl-erdgas-führenden Schichten

känozoisches Alter haben. In einigen von ihnen (Guayaquilbucht, Kalifornienbucht, Südalaskabucht) konnten marine Erdöl- und Erdgaslagerstätten mit hohem Erdöl-Erdgas-Abgabevermögen nachgewiesen werden.

Das dritte Gebiet

ist die Außenseite der Übergangszone des Pazifikgürtels. Typisch für dessen Bau ist die vorherrschende Entwicklung der Becken der Randmeere mit einer Erdkruste vom subozeanischen Typ, die vorwiegend von mesozoisch und känozoisch gefalteten Serien eingerahmt werden. Am besten untersucht ist hier eine Gruppe von Becken in den fernöstlichen Meeren der UdSSR, in der karibischen Region, der Arafurasee und der Tasmansee. Seegeophysikalische Untersuchungen wurden ebenfalls im Japanischen Meer, im Ost- und Südchinesischen Meer, in der Philippinensee, der Korallensee und im Neuseeländischen Randplateau durchgeführt (BERSENEW u. a. 1969; WASCHTSCHILOW u. a. 1969; KOSMINSKAJA u. a. 1963; LEWIN u. a. 1970; UDINZEW 1959; HOUTZ u. a. 1967; MURAUCHI u. a. 1968; SHOR 1964; SPRIGG & WILSON 1969; WALLIS 1969 u. a.). Auf der Grundlage dieser Vorstellungen kann man den Bau der Sedimentschichten des betrachteten Gebiets insgesamt beurteilen.

Alle kontinental-marinen Sedimentdepressionen dieses Gebiets können zu zwei Gruppen zusammengefaßt werden: eine östliche Gruppe, die dem Intervall von (?) Trias bzw. Jura bis einschließlich Pleistozän entspricht, und eine westliche Gruppe, die einen geringeren zeitlichen Umfang aufweist und deren Schichten altersmäßig von Kreide bzw. Spätkreide bis Pleistozän reichen.

Offensichtlich bildet das Becken des Südchinesischen Meeres eine Ausnahme. Es hat sich am Abhang einer alten Plattform entwickelt und umfaßt das gesamte Phanerozoikum ohne Hiatus. In der westlichen Gruppe schwankt die Mächtigkeit der Sedimentschichten von weniger als 2,0 km bis über 8,0 km, wobei diese in der Regel in den Randsenken zunehmen und gesetzmäßig in den Bestand fast jeder Depression übergehen (Randsenken von Sachalin, Taiwan, Ostkalimantan, Neuguinea u. a.).

Von komplizierterem Bau, aber deshalb nicht weniger typisch für die westliche Gruppe, ist die Indochinesisch-Javanische Depression. Sie liegt an der Grenze zweier großer Geosynklinalgürtel der Erde, dem Mittelmeergürtel und dem Pazifikgürtel. Diese Depression umfaßt die Becken des Südchinesischen Meeres, der Javasee und der Celebessee (Sulawesisee). An ihrem Aufbau nehmen verschiedene Krustentypen teil; kontinentaler, subkontinentaler, subozeanischer Typ. Der kontinentale besteht aus konsolidierten Blöcken, bei denen die Konsolidation in alten tektogenetischen Epochen erfolgte. Der subkontinentale Krustentyp umfaßt die Inselbögen Taiwans, der Philippinen u. a. Die Erdrinde des subozeanischen und ozeanischen Krustentyps ist in den Tiefseebecken entwickelt (KROPOTKIN & SACHWARSTOWA 1965 u. a.). Die Kompliziertheit und die Eigenartigkeit des Baues dieser Depressionen werden u. a. durch den Umstand charakterisiert, daß in ihrem zentralen Teil die mesozoischen und känozoischen Bauelemente der Insel Kalimantan auftreten. In Übereinstimmung damit nimmt die Mächtigkeit der postgeosynklinalen Sedimentschicht von 2,0 km entlang der inneren Grenze bis 5,0 km und mehr in den angrenzenden Meeresbecken zu. Danach nimmt die Sedimentmächtigkeit erneut ab bis zum völligen Verschwinden an der äußersten Grenze, z. B. im Gebiet der kleineren Senken von Hanoi, Menam, Java u. a. Die Formationen der Sedimenthülle, die vorwiegend aus kontinentalmarinen orogen entstandenen Bildungen von oberkretazischem bis känozoischem Alter bestehen, zeigen hier bedeutende Veränderungen in vertikaler und lateraler Richtung. Die Existenz ähnlicher innerer Erhebungen mit doppelkonkavem Bau der Sedimentbecken konnte sowohl im Ochotskischen Meer als auch im Schelf des Beringmeeres festgestellt werden (MILASIN 1967; SCHOLL & HOPKINS 1969).

Einen besonderen Platz in der westlichen Übergangszone des Pazifikgürtels nehmen die Andamanensee und das Neuseelandrandplateau ein. Erstere stellt eine Riftsenke dar, die sich zwischen der submarinen Fortsetzung des känozoisch angelegten Arankan—Joma-Gebirgszugs und den Mesozoiden Burmas ausgebildet hat. Die Mächtigkeit der orogenen Formationen känozoischen Alters im kontinentalen Teil der Depression erreicht 15,0 km. In ihrer südlichen Fortsetzung auf der Insel Sumatra nimmt die Mächtigkeit bis auf 7,5 bis 9,0 km ab. Es ist nicht ausgeschlossen, daß die Lagerungsverhältnisse der Sedimentschicht hier durch Besonderheiten charakterisiert werden, die auch im Beringmeer und in der Tasmansee festgestellt werden können. Anders verhält es sich mit dem Neuseelandplateau. Es stellt ein Bruchstück einer frühmesozoischen Plattform dar, das die Prozesse der Regeneration und der tektonisch-magmatischen Aufarbeitung unversehrt überdauert hat (SPRIGG u. a. 1969; HOUTZ u. a. 1967). Die Sedimenthülle wird hier aus spätmesozoischen und känozoischen Gesteinen aufgebaut, deren Mächtigkeit in der Nähe der Insel 3,0 bis 4,0 km erreicht und sich zum Rande des Plateaus hin, in der Nähe des Ostpazifikgebirgsrückens und seiner Ausläufer, auf 1,0 km verringert.

Die östliche Gruppe von Depressionen, in der karibischen Region gelegen, nimmt vom Wesen der Sache her eine Mittelstellung zwischen den typisch pazifischen und den atlantischen tektonischen Strukturelementen ein. Auf diese Besonderheit wurde schon recht früh hingewiesen (CHERASKOW 1963; SUESS 1883—1909 u. a.). Da jedoch an der Umrahmung der Meeresbecken mesozoische und känozoische Bauelemente beteiligt sind, die sonst nur im Pazifikgürtel auftreten, kann diese Gruppe hinsichtlich ihrer Erdöl-Ergas-Akkumulation besser in das Pazifiksegment eingeordnet werden. Entsprechend dem Grad der geologisch-geophysikalischen Untersuchungen nimmt dieses Gebiet einen der vordersten Plätze in der Welt ein. Hier können klar vier sedimentführende Depressionen unterschieden werden: die Venezuela-Depression, die Kolumbien-Depression, die Mexiko-Depression und die Südkuba-Depression. Die ersten drei sind vom gleichen Typ wie die Depressionen des äußeren Rahmens der Übergangszone. Die Südkuba-Depression dagegen entspricht dem Typ der inneren Umrahmung, da ihre submarine Fortsetzung durch die Bartlett-Tiefseerinne begrenzt wird.

Von allergrößtem Interesse hinsichtlich der Bildungsbedingungen und dem Bau der Sedimentschicht ist der Golf von Mexiko. Auf seinem nördlichen Schelf mit mehr als 250 nachgewiesenen Erdöl-Erdgas-Lagerstätten befindet sich eine tiefe Einsenkung, die mit 12,0 bis 14,0 km mächtigen Sedimenten ausgefüllt ist. Unter den ältesten Sedimenten kommen Evaporite triassischen oder jurassischen Alters vor. Evaporite sind auch im Sigsbee-Tiefseegraben mit Krustenmaterial vom subozeanischen Typ angetroffen worden (EWING u. a. 1966; BURK u. a. 1969). Zusammen mit terrigenen, vorwiegend rotgefärbten präoberkretazischen Gesteinen bilden sie eine mollassoide Formation. Die oberkretazischen sandig-tonigen und karbonatischen Sedimente gehören zur Plattformformation. Im Teil des Sedimentprofils nehmen wieder orogene Bildungen zu, die sich aus marinen, ufernahen Flachwasser- und Deltaablagerungen zusammensetzen und känozoisches Alter haben. Wirtschaftlich interessante Erdöl-Erdgas-Akkumulationen kommen im gesamten Profil vor. Die beschriebene Senke wird von steil ansteigenden Erhebungen, deren Höhe ca. 5,0 km beträgt und die zur Zone des Kontinentalabhangs gehören, von der anschließenden Senke (Mächtigkeit bis 10,0 km) ebenso wie von dem weitreichenden, in E—W-Richtung streichenden, aber zur Umrahmung der Senke gehörenden Sigsbeegraben getrennt. Innerhalb der Grenzen des letzteren erreicht das „Liegende" der Sedimentschicht ein Minimum von 3,0 km im Vergleich mit der weiter oben beschriebenen Senke. Die Mächtigkeit der Sedimentdecke beträgt ca. 5,0 km. In diesem Gebiet, an einem Salzstock, wurde bei einer Wasserüberdeckung von 3800 m aus einer Bohrung ein Kern gewonnen, der erdölführende Sedimentgesteine enthielt (BURK u. a. 1969). Man kann die analogen Beziehungen im Bau des tieferen Untergrunds des Golfes von Mexiko, des Beringmeers, des Japanischen Meeres und der Tasmansee erkennen. Am Bau des Golfes von Mexiko nimmt auch eine Randsenke der Känozoiden Kubas teil, die vom Atlantik und der Kolumbischen Depression durch die Erhebungen der Halbinseln Florida und Yukatan abgetrennt wird.

Im Pazifiksegment der Erde sind mehr als die Hälfte aller neuerdings bekannt gewordenen marinen Lagerstätten an Erdöl und Erdgas konzentriert. Dabei ist der überwiegende Teil an große kontinental-marine Depressionen der äußeren Umrandung von Thalassokratonen geknüpft. Diese Depressionen erinnern sämtlich durch eine Reihe tektonischer Kennzeichen (Zugehörigkeit zum Abhang von Plattformgebieten, Zugehörigkeit zu Geosynklinalsystemen unterschiedlichen Alters, Beteiligung am Bau von Randsenken, Gesetzmäßigkeiten in der Änderung des Formationsaufbaus der Sedimentschicht) an perikratonale Senken.

Im Indiksegment

sind die kontinental-marinen Depressionen, die Senken vom periozeanischen Typ darstellen, gesetzmäßig am Rand der Blöcke des gondwana-australischen, hindostanischen und afrikanischen Kontinents angeordnet. Sie sind voneinander durch mittelozeanische Gebirgsketten und durch Systeme von Schollengebirgen getrennt. Diese gehören in der Mehrzahl der Fälle zu den submeridionalen Lineamenten, die den ganzen Thalassokraton durchsetzen. In Gestalt eigenartiger Apophysen, die auf unterschiedliche Art im Verlauf der geologischen Geschichte des Indischen Ozeans entstanden, treten an ihrer Nordwestflanke die Riftzonen des Roten Meeres und der Mesopotamischen Randsenke (im Persischen Golf) auf. Meeresgeologische und seegeophysikalische Untersuchungen wurden in den Senken durchgeführt, die zu Australien (FRANCIS & RAITT 1967; HAWKINS u. a. 1965), zu Hindostan (NEPROZNOW u. a. 1966; CLOSS & HINZ 1967; JEREMENKO & GAGELANZ 1966; FRNCIS & SHOR 1966; NARAIN u. a. 1967 u. a.), zu Ostafrika (GREEN & HALES 1966; FRANCIS & SHOR 1966; LUDWIG & NAFE 1968 u. a.), aber auch zum Roten Meer (DRAKE & GIRDLER 1964 u. a.) und zum Persischen Golf gehören.

Innerhalb des gesamten Indiksegments gibt es im Bau der Depressionen zwei hauptsächliche Unterschiede zu denen im Pazifiksediment. Erstens handelt es sich um die Umrandung der submarinen Fortsetzung durch die Strukturen der mittelozeanischen Rücken, zweitens um die weitaus breiteren stratigraphischen Bereiche der potentiell erdöl-erdgas-führenden Schichten, die im Prinzip das gesamte Phanerozoikum umfassen. Nur an der Südflanke Australiens und der Ostflanke im Gebiet von Indien ist das stratigraphische Alter der perspektivischen Horizonte auf den Bereich Mesozoikum bis Känozoikum beschränkt. Es ist jedoch hierbei nicht ausgeschlossen, daß unter dem Dekkantrapp und auf dem Schelfgebiet von Australien auch ältere phanerozoische Bildungen entwickelt sind.

Die Mächtigkeit der Sedimentschicht in den Depressionen überschreitet in der Regel nicht 5,0 km und verringert sich in Richtung auf die mittelozeanischen Rücken auf 1,0 km und weniger. Nur in einigen Fällen (Südaustralische Depression, Bengalische Depression und Somali-Depression) erreicht die Mächtigkeit 10,0 km. Gebiete mit maximaler Ausbildung der Schichten gehören zum Kontinentalabhang. Das „Liegende" der Sedimentschichten in den Tiefseegräben beträgt in diesen Fällen im Vergleich zu den einzelnen Blöcken auf dem Schelf nur 2,0 bis 3,0 km.

Eine besondere Kategorie stellen diejenigen Depressionen dar, die zum Persischen Golf, zum Golf von Oman und zum Roten Meer gehören. Eine erste Art geht in den Bestand des perikratonalen Gebiets der afrikanischen Plattform ein und stellt eine einzigartige Quelle der Erdöl-Erdgas-Führung unseres Planeten dar. Kohlenwasserstoffe kommen über das gesamte Profil des Phanerozoikums vor, vorwiegend in karbonatischen, seltener in terrigenen Speichergesteinen. Ein charakteristischer Zug der Erdöl-Erdgas-Akkumulation ist eine allgemeine Verknüpfung der Muttergesteine mit Fallen, die senkrecht zum Streichen der alpidischen Bauelemente angeordnet sind. Zwei weitere Depressionstypen sind, was ihre Entstehung anbelangt, mit den Prozessen der Riftbildung verknüpft. Eine wirtschaftlich bedeutende Erdöl-Erdgas-Führung muß jedoch noch nachgewiesen werden.

Insgesamt bilden die Depressionen, die an den Rändern des Thalassokratons des Indiksektors abtauchen, enge periozeanische Senken mit Achsenzonen im Bereich des Kontinentalabhangs. An der Basis des letzteren erheben sich in der Regel randliche Berge, die offensichtlich in Zusammenhang mit erhöhter Zuführung von Detritus stehen (EMERY 1969). Wahrscheinlich besteht eine der wichtigsten Gesetzmäßigkeiten in ihrem Bau darin, daß ein umgekehrtes Verhältnis zwischen dem rezenten Bodenrelief und den Lagerungsbedingungen der Sedimentschicht besteht. Wirtschaftlich interessante Erdöl-Erdgas-Akkumulationen von Teilen dieser Depressionen auf dem Schelf befinden sich in Westaustralien und in Südafrika.

Im Atlantiksegment

sind am besten diejenigen Aquatorien untersucht, die zum Nordamerikanischen Kontinent und zum Nordseebecken gehören. In beiden Gebieten kommt zur geophysikalischen Erkundung noch eine Vielzahl niedergebrachter Bohrungen (COLLETTE 1968; DRAKE u. a. 1968; EWING u. a. 1966; HINZ 1968; JOIDES 1968; SHERIDAN u. a. 1966, 1969; WINDISH u. a. 1968; WORSEL 1968 u. a.). Viele Angaben gibt es über die Gebiete des nordöstlichen und südwestlichen Atlantiks, die Hudsonbai, das Mittelmeer und das Schwarze Meer (BALAWADSE u. a. 1968; KOGAN & MALOWICKIJ u. a. 1969; MILASIN 1969; MOSKALENKO 1965; BUNGE u. a. 1964; DAY u. a. 1956; DONOWAN 1968; EWING 1959; HERSEY 1966; HOBSON 1967; LUDWIG u. a. 1968; MCMASTER & LACHANCE 1968; SHERIDAN u. a. 1969 u. a.). In diesem Segment sind Depressionen mit kontinental-marinen Sedimenten entwickelt, die zwei Typen bilden: erstens periozeanische Depressionen von unterschiedlichem Bau, die in vielen Grundzügen den Depressionen des Indiksegments entsprechen; zweitens die Gräben der Rand- und Binnenmeere, die im Bau schon den Depressionen der äußeren Gebiete des Pazifiksegments ähneln.

Ostatlantik

Vom mittelatlantischen Rücken ostwärts sind sieben relativ voneinander isolierte kontinental-marine Depressionen ausgebildet. Sie werden voneinander durch ein System von Schollen- und Vulkanrücken getrennt, das vorwiegend in nordöstlicher Richtung streicht. Die vier südlichsten Becken, die sich entlang der westlichen Begrenzung des afrikanischen Kontinents herausbildeten, gehören ihrem Bau nach eindeutig einem einheitlichen Typ an. Am besten von ihnen sind die Guinea-Depression und die Kanarisch-atlasgebirgische Depression erforscht. In der ersteren ist die Zone der maximalen Absenkung, bedingt durch Bewegungen an der Kamerunstörung, quer zum Streichen des Kontinentalabhangs ausgebildet und erstreckt sich in südwestlicher Richtung. Die zweite Depression dagegen sieht aus wie an den Kontinentalabhang angepreßt und hat ein mit diesem übereinstimmendes Streichen. Sie besitzt einen randlich ausgebildeten Wall. Hier konnte beobachtet werden, daß (?) Salzdiapire auf einer Erstreckung von 650 bis 1300 km vom afrikanischen Kontinent entfernt auftreten. Die diapirähnlichen Körper haben eine Ausdehnung von 20 bis 40 km, liegen in einer Teufe von 1,5 km unterhalb des Meeresbodens und sind charakterisiert durch niedrige oder negative Meßwerte des Magnetfeldes (RONA 1969). RONA untersuchte die paläogeographische Situation in diesem Gebiet und kam zu dem Schluß, daß an der Stelle des Zentralatlantiks in der spättriassischen oder frühjurassischen Epoche ein halbabgeschlossenes Wasserbecken ausgebildet war. Die ozeanischen Bedingungen der Sedimentbildung entwickelten sich erst in der spätjurassischen Zeit. Diese Aussage wird unterstützt durch die weite Verbreitung spätjurassischer Kalksteine, die sich in tieferen Meeresteilen gebildet haben, und die Kanarischen Inseln an der Küste Nordwestafrikas.

Die nördlichste dieser Depressionen des Ostatlantiks schließt die negativen Strukturelemente der epipaläozoischen Plattform der seitlichen Begrenzungen des Ärmelkanals und des Golfs von Biskaya an den Kontinent an. Zu ihr gehört auch die Senke der Irischen See. Diese Depression hat komplizierte, verbogene Strukturlinien, die wahrscheinlich durch die Horizontalbewegungen der großen Blöcke hervorgerufen wurden. Die Mächtigkeit der Sedimentschicht beträgt im größten Teil der Flächenerstreckung ca. 2,0 km. Nur innerhalb des submarinen Plateaus, das der Eriaplattform entspricht, nimmt sie bis auf 5,0 km zu.[1]) Altersmäßig umfaßt die Plattformbildung einen Zeitraum von Trias bis Känozoikum.

Im Prozeß der geologischen Entwicklung wurde das Plateau einer intensiven tektonisch-magmatischen Beanspruchung unterworfen, die sich ins Känozoikum fortsetzte und sich in einer Vielzahl von Intrusivkörpern mit basischem Chemismus dokumentierte (DONOWAN 1968).

Westatlantik

In den Depressionen entlang dem östlichen Kontinentalrand von Nordamerika sind die Mächtigkeitsverhältnisse viel komplizierter. Über die gesamte Erstreckung von der Neufundlandbank bis zur Halbinsel Florida beobachtet man eine Folge von engbegrenzten Becken und Erhebungen, die kulissenartig gestaffelt sind und sich am submarinen Kontinentalrand entlangziehen. Die westliche Verlängerung der vulkanogenen Erhebungen und Schollenrücken erweckt den Eindruck, als ob es sich um das Bindeglied zwischen dem Mittelatlantischen Rücken und dem amerikanischen Kontinent handele. Diese vertikalen Erhebungen zerteilen die Depressionen. Die Mächtigkeiten der Sedimente erreichen in den Senken 10,0 km; sie nehmen auf den Erhebungen bis auf 2,0 km ab.

Am Fuß des Kontinentalabhangs erstreckt sich ein Randwall, der sich in der Zone des Auskeilens von Granit-Gneis-Schichten gebildet hat. In den Tiefseegräben verringert sich die Mächtigkeit der Sedimente auf 2,0 bis 3,0 km. Das Liegende der Sedimentschicht dagegen verstärkt sich auf eine Mächtigkeit von 4,0 bis 5,0 km, wenn man es mit dem überfluteten Randgebiet des Kontinents vergleicht. Die unterschiedliche Ausbildung der Mächtigkeiten spiegelt recht gut die großen submarinen Strukturelemente wider: das Blakeplateau, den Blake—Bahama-Graben, das Bermudahochgebiet und andere. Der Charakter des tektonischen Baues ermöglichte einer Reihe von amerikanischen Geologen, hier die Übergangszone von der kontinentalen zur ozeanischen Kruste in Gestalt rezenter Miogeosynklinalen mit rudimentären Eugeosynklinalzonen zu untersuchen. Diese Geosynklinalen liegen unmittelbar auf der „Basalt"schicht (DRAKE u. a. 1959; DIETZ & HOLDEN 1965 u. a.).

[1]) An der südlichen und nordöstlichen Peripherie des Golfs von Biskaya wurden neuerdings Senken mit Sedimentmächtigkeiten von 6 bis 8 km festgestellt.

Der stratigraphische Umfang und die lithologische Zusammensetzung der Sedimentschicht in dieser Region wurden anhand vieler Bohrprofile untersucht, die im Verlauf der verschiedenen Etappen des Tiefseebohrprogramms gewonnen wurden. Dabei wurden Wassersäulen von 25 bis 6800 m durchfahren (EWING u. a. 1966; JOIDES 1968; WINDISCH u. a. 1968; WORZEL 1968 u. a.). Die angetroffenen Gesteine wiesen spätjurassisches bis pleistozänes Alter auf. Dabei handelt es sich um Wechsellagerungen von Lutiten, Tonen, Mergeln, Sanden und organogenen Kalken. Letztere haben kretazisches Alter bis einschließlich Maastricht. Das brachte die amerikanischen Geologen zu dem Schluß, daß bis in spätkretazische Zeit der größte Teil des Nordamerikanischen Tiefseegrabens ein Flachmeer gewesen sein müßte (WINDISCH u. a. 1968). Über die periozeanischen Senken, die längs des südamerikanischen Kontinents ausgebildet sind, gibt es die meisten Angaben über die Verhältnisse auf dem Argentinienschelf (LUDWIG u. a. 1968). Hier konnte eine Reihe von Senken festgestellt werden, die vorwiegend quer zum Streichen des submarinen Kontinentalrands angelegt sind. Sie werden durch Rücken mit stark unterdrückter Sedimentmächtigkeit (bis zu 1,0 km) voneinander getrennt. Der Randwall am Fuß des Kontinentalabhangs ist hinreichend deutlich ausgebildet. Die Mächtigkeit der Sedimentschicht in den Senken überschreitet 5,0 km. Das „Liegende" der Sedimenthülle innerhalb der Thalassogeosynklinalen ist hier nicht stärker ausgebildet, als das bei einer Reihe vorher beschriebener Fälle festgestellt wurde. Vielmehr liegen sie tiefer oder sind sogar im Extremfall auf gleichem Niveau mit den Blöcken der Übergangszone. Die älteste Plattformbildung stammt aus dem Paläozoikum; mehr als die Hälfte der gesamten Mächtigkeit des Profils entfällt aber auf Neogen.

Ein anderer Typ von Depressionen

Der zweite Typ von Depressionen im untersuchten Segment entfällt auf die Senken des Kaspischen Meeres, des Schwarzen Meeres, des Mittelmeers, des Adriatischen Meeres, der Ost- und Nordsee einerseits und auf die Hudsonbai andererseits. Bei unterschiedlichem morphologischem Charakter dieser Senken gibt es doch eine Reihe gemeinsamer Züge im tektonischen Bau. Vor allem bezieht sich das auf die extreme Unterdrückung oder das völlige Fehlen einer Granit-Gneis-Schicht der Kruste und erhöhte Mächtigkeiten der Sedimentschicht (von 6,5 km in der Hudsonbai bis zu 20,0 km im südlichen Kaspischen Meer). Von analogen Senken in den Außenteilen des Pazifiksegments unterscheiden sie sich durch die bedeutend breitere stratigraphische Spanne der potentiell erdöl-erdgas-führenden Sedimentschichten.

Diese Spanne umfaßt das gesamte Phanerozoikum (Nordsee, Westteil des Schwarzen Meeres, Ostteil des Mittelmeers) oder das mesozoisch-känozoische Profil. Nur die Sedimente, die Buchten ausfüllen, stellen vorwiegend Bildungen des späten Paläozoikums dar. Eine Linse von Sedimentgesteinen stimmt normalerweise mit dem Relief des Meeresbodens überein. Die zentralen Aufwölbungen jedoch, die im Pazifiksediment häufig auftreten, fehlen hier oder haben nur geringe Ausmaße. Sie kommen in der Regel in den Festlandpartien vor und komplizieren den Bau der Aquatorien selbst nicht (Berg-Krim, Kara-Bogas-Gol, Ringköbing-Fjun u. a.).

Innerhalb der Senken des Atlantiksegments sind von allen am besten die Ostsee und die Nordsee untersucht, die zur westlichen perikratonalen Senke der Europäischen Plattform gehören (BOGDANOW 1968 u. a.). Die Mächtigkeit der Sedimentschicht, die in den herausgehobenen Strukturelementen der Plattform 1,0 km beträgt, wächst auf 14,0 bis 15,0 km in der Nordsee an. Eine lang andauernde Absenkung, die hier mit Unterbrechungen während des gesamten Phanerozoikums andauerte, wurde durch Sedimentakkumulationen kompensiert, die aus periodisch wechselnden kontinentalen, lagunärufernahen und marinen Ablagerungen bestehen. Im Profil treten Evaporite, gutsortierte terrigene Gesteine und Riffmassive auf. Im Ergebnis solcher günstigen Umstände erfolgte hier die Bildung besonders großer Vorkommen von Erdöl und Erdgas. Im Verlauf der geologischen Entwicklung anderer mariner Senken dieses Segmentes gibt es viele gemeinsame Züge mit der Entwicklung der Nordsee. Das trifft besonders auf die mesozoische Epoche zu. In der känozoischen Entwicklungsetappe überwiegen jedoch die Unterschiede, die anfangs durch die Orogenese im alpinen Gürtel bedingt sind und die zur Anhäufung mächtiger Schichten der orogen gebildeten Formation und zur Entstehung der Randsenken innerhalb der ausgedehnten perikratonalen Senkungsgebiete führte.

Auf diese Weise lassen sich in den Ablagerungsbedingungen und im Bau der Sedimentschicht im Aquatorium des Atlantiksegments sowohl Übereinstimmungen als auch Unterschiede im Vergleich mit den Pazifik- und Indiksedimenten feststellen. Sie drücken sich in der spezifischen Inversion des stratigraphischen Umfangs potentiell erdöl-erdgas-führender Schichten aus, die in den Senken der Randmeere des Atlantischen Segments breiter ist als in den äußeren Gebieten des Pazifiks und geringer in den periozeanischen Senken, verglichen mit analogen Strukturen des Indiksegments. Zur gleichen Zeit gehören die strukturellen Besonderheiten, einschließlich der Randwälle am Fuße des Kontinentalabhangs und der angehobenen Lage des Liegenden der Sedimentschicht in den Thalassosynklinalen, relativ zu den einzelnen Blöcken in der Übergangszone, im Prinzip dem gleichen Typ an. In den Senken der Randmeere und einiger periozeanischer Senken des Atlantiksegments wurde eine große Anzahl von marinen Erdöl-Erdgas-Lagerstätten nachgewiesen. Das unterstreicht nochmals die Entwicklung von Prozessen der Erdöl- und Erdgasakkumulation in Strukturen ähnlichen Typs im großen Maßstab.

Im Arktiksegment

sind wenige seismische Profile und vereinzelte Sondierungen von NIIGA, WNIIMORGEO und LGI durchgeführt worden. Das bezieht sich auf Schelf und Tiefseegräben im Eurasischen Gebiet, während amerikanische Geophysiker in der Beaufortsee und im Kanadischen Becken arbeiteten (OSTENSO 1962; BOOSMAN 1964; BROWN 1964; HUNKINS 1962, 1966; KUTSCHOLL 1965; SANDER & OVERTON 1965 u. a.). Ungeachtet dessen war es möglich, durch die Zusammenstellung von Materialien der seegeophysikalischen Forschungen mit Angaben zur Geologie der Inseln und Kontinente allgemeinste Vorstellungen über den Bau potentiell erdöl-erdgas-führender Sedimente des gesamten untersuchten Segments zu erarbeiten und fünf kontinentalmarine Depressionen abzugrenzen, die sich in ihrem Bau merklich unterscheiden (DEMENISKAJA & LEWIN 1970).

In der am weitesten westlich gelegenen Depression der Barentssee umfaßt der stratigraphische Bereich der erdölführenden Schichten das gesamte Phanerozoikum. Diese Depression enthält eine Reihe von tektonischen Merkmalen, die sie einerseits den Senken der Randmeere nahebringt, andererseits aber den periozeanischen Senken des Atlantiksegments. Im Zusammenhang hiermit wurde sie in Hinsicht auf die Erdöl-Erdgas-Führung recht eingehend auf dem Gebiet der typischen Übergangsbildungen untersucht. Die sich östlich anschließende Senke ist die nördliche Zentroklinale der Westsibirischen Syneklise. Hier lagern eine mesozoische Serie mit nachgewiesener Erdöl-Erdgas-Führung und eine paläozoische Sedimentserie mit wahrscheinlicher Kohlenwasserstofführung auf gefalteten Basisschichten unterschiedlichen Alters. Die Mächtigkeit dieser aus einer Granit- und Gneisschicht bestehenden Basis ist stark verringert. Aus diesem Grunde nimmt auch die Westsibirische Syneklise in genetischer Hinsicht eine Zwischenstellung zwischen den Strukturen der kontinentalen und ozeanischen Reihen ein. Die vom Laptewmeer bedeckte Depression setzt sich in dem Amundsentiefseegraben fort. Auf dem Kontinent ähnelt sie ihrem Bau nach den Senken der Randmeere des Pazifiksegments, da sie von der Zusammensetzung her ein Teil der Vorwerchojansker Randsenke ist. Analoge Feststellungen kann man hinsichtlich des Baues der Depression im Ostsibirischen Meer und in der Tschuktschensee treffen, die die ozeanische Tollesenke bilden.

Folglich stellen die Depressionen in bezug auf die Erdöl-Erdgas-Führung und den tektonischen Bau die Bindeglieder zwischen den Senken der Randmeere des Pazifiksegments und den typischen periozeanischen Senken der Randmeere des Pazifiksegments und den typischen periozeanischen Senken dar. Die potentiell erdöl-erdgas-führenden Schichten gehören hier vorwiegend zu Gesteinen paläozoischen und mesozoischen Alters. Der Bau der Depressionen, die zum Kanadischen Becken gehören, ähnelt im allgemeinen den Senken des Ostchinesischen Meeres, des Karibischen Meeres und einiger anderer, besitzt aber auch einige Besonderheiten. Hierzu zählen hauptsächlich Alter und Genese der Rahmenstrukturen.

Infolgedessen kann man diese Depressionen zu Übergangsbildungen zwischen den kontinental-marinen, erdöl-erdgas-führenden Depressionen des Arktischen und äußeren Gebiets des Pazifiksegments zählen. Die Entwicklung der Depressionen des Übergangstyps im Arktischen Segment wird offensichtlich durch spezifische Züge in der geologischen Entwicklungsgeschichte der Erde erklärt, von denen noch viele Einzelheiten ungeklärt sind und der weiteren Erforschung bedürfen. Die letzten Entdeckungen von Erdöl- und Erdgaslagerstätten im Offshore-Bereich der Barentsee, der Karasee und der Beaufortsee zeugen davon, daß sich die tektonischen Besonderheiten im Bau dieses Segments überaus günstig auf die Entwicklung der Erdöl-Erdgas-Bildungsprozesse im großen Maßstab auswirken.

Das antarktische Segment

ist in seiner submarinen Erstreckung fast nicht erforscht. Einige Angaben, die vor einiger Zeit von USAKOW & CHAIN (1965) veröffentlicht wurden, beziehen sich nur auf die Becken des Ross- und Wedellmeers. Die Mächtigkeit der Sedimentschicht überschreitet hier 3,0 km. Zeitlich umfassen die Gesteine das Intervall vom Paläozoikum bis einschließlich Känozoikum. Die Umrahmung der submarinen Fortsetzung der kontinentalmarinen Depression bilden transozeanische Mittelrücken. Innerhalb eines weiten Senkungsgebiets bildeten sich engbegrenzte Randsenken vor den Herzyniden des Ellsworthgebirges (Wedellmeer) und der Antarktiden (Rossmeer). Das bestimmt den eigentümlichen Bau des Segments, der darin besteht, daß tektonische Strukturen vom perikratonalen und vom periozeanischen Typ gleicherweise vorkommen.

Schlußfolgerungen

Die Materialzusammenstellung über die fünf Segmente der Erde zeigt, daß das gegenwärtige System von Becken im Weltozean heterogene Baubildungen mit langer geologischer Entwicklungsgeschichte darstellt, wobei die ersten Bildungen aus dem späteren Präkambrium stammen. Kontinentalmarine, sedimentäre Depressionen, die sich in diesem System entwickelten, bildeten sich in verschiedenen Stadien der Erdrinde von Laurogondia (Laurasia und Gondwana). Sie werden hauptsächlich durch drei tektonische Strukturtypen charakterisiert: epigeosynklinale Zwischengebirgssenken, perikratonale Senken, periozeanische Senken. Viele Einzelheiten aus der Geschichte des Weltozeans und teilweise auch der Strukturen warten noch auf Klärung durch die kommenden Forschungen. Es ist jedoch offensichtlich, daß die potentiell erdöl-erdgas-führende Sedimentschicht durch äußerst komplizierte Unterschiede in der Mächtigkeit und in den Lagerungsbedingungen, durch einen sehr veränderlichen stratigraphischen Bereich und unterschiedlichen Aufbau der Formationen charakterisiert wird. Dabei sind die postpaläozoischen Sedimente von überwiegender Bedeutung. All das zusammengenommen stellt für die Herausbildung der Prozesse der Erdöl-Erdgas-Bildung und -akkumulation günstige tektonische und historisch-geologische Voraussetzungen dar.

Die tektonischen Besonderheiten der Erdöl-Erdgas-Akkumulation

Aus der Sicht der Erdöl-Erdgas-Rayonierung ist es wichtig, daß die analysierte Sedimentschicht ein System abgeschlossener und halb abgeschlossener Depressionen ausfüllt. Jede dieser Depressionen kann als selbständiges erdöl-erdgas-führendes oder wahrscheinlich erdöl-erdgas-führendes Becken betrachtet werden. Diese Becken gruppieren sich in Hauptgürtel der Erdöl-Erdgas-Bildung und Erdöl- und Erdgas-Akkumulation der Erde (HGE). Bis heute sind erst die ersten Versuche unternommen worden, einheitliche Klassifikationen für die

Gürtel und Becken zu schaffen, die die Unterschiede im Bau der Kontinente und Aquatorien zufriedenstellend berücksichtigen. Das trifft entsprechend auch auf die Erforschung der Gesetzmäßigkeiten der Verbreitung mariner Erdöl- und Erdgaslagerstätten zu (CHAIN 1954, 1970; BROD 1964; LEWIN 1970). Die weiter oben durchgeführte Analyse des Baues der Sedimentschicht, die für das System des Weltozeans als Ganzes durchgeführt wurde, ermöglicht, einige frühere Vorstellungen zu erweitern und zu verbessern. Außerdem konnten einige neue Züge in den tektonischen Besonderheiten der Erdöl-Erdgas-Akkumulation im Weltozean festgestellt werden.

Es hat sich als nützlich erwiesen, nicht vier Haupttypen von Gürteln der Erdöl-Erdgas-Bildung und -Akkumulation zu unterscheiden (CHAIN 1970), sondern nur drei solcher Typen: epigeosynklinale Becken und Senken; perikratonale Becken und Senken; periozeanische Becken und Senken. Jede von ihnen wird in zwei Untertypen unterteilt.

Zum HGE der epigeosynklinalen Becken und Senken gehören die Becken des mobilen Mittelmeergürtels (1. Untertyp) und des mobilen Pazifikgürtels (2. Untertyp). Ersterer stellt eine Ansammlung zahlenmäßig geringer Zwischengebirgssenken des Mittelmeergürtels dar. Von diesen haben das Thrakische Becken, das Tyrrhenische Becken und einige andere eine submarine Fortsetzung. Die Mächtigkeit der potentiell erdöl-erdgas-führenden Sedimente känozoischen Alters erreicht hier einige Kilometer. Das bedeutet für die geringe Fläche dieser Becken im Vergleich zu den Weltvorräten die Möglichkeit nur unbedeutender Erdöl-Erdgas-Vorräte. Der zweite Untertyp umfaßt das innere Gebiet des tektonischen Pazifikrings. Er umfaßt erdöl-erdgas-führende Becken, die zu den epigeosynklinalen Zwischengebirgssenken der Insel- und Gebirgsbögen gehören. Diese flächenmäßig relativ kleinen Becken sind in ihrer submarinen Fortsetzung halb abgeschlossene Becken und werden von einer mächtigen Schicht orogener Formationen känozoischen Alters ausgefüllt. Die Mächtigkeit erreicht 12 bis 18 km. Die Kombination dieser Parameter vor dem Hintergrund von Strukturfallen mit hohen Amplituden und von Sedimentschichten mit guten physikalischen Speichereigenschaften schafft eine überaus günstige Situation für die Akkumulation von Kohlenwasserstoffen. Die in den Becken dieses Typs ausgebildeten Lager sind in der Regel groß und enthalten große Vorräte. Beispiele hierfür sind die Cookbai, der Golf von Kalifornien u. a. Im Unterschied zu den übrigen HGE, die in Form eines orthogonalen Netzes angeordnet sind und gesetzmäßig mit den Geosynklinalgürteln der Neogäa verbunden sind, bildet der beschriebene Typ von Becken ein Ringsystem, das den Thalassokraton des Stillen Ozeans ringförmig umgibt.

Zu den perikratonalen HGE gehören die Becken der peripheren Teile von Plattformen und von epigeosynklinalen Gürteln mit Mischfaltung. Es handelt sich also um Randsysteme im weitesten Sinne (BAKIROW u. a. 1968). Als ein besonderer Untertyp können aus diesen die Becken sich kreuzender Syneklisen vom Kaspityp, Golf-von-Mexiko-Typ u. a. abgeteilt werden. Die überwiegende Mehrheit der Becken aus perikratonalen HGE hat eine submarine Fortsetzung in den Senken der Rand- und Binnenmeere, deren Bau weiter oben behandelt wurde.

Die Verbreitung von Kohlenwasserstofflagerstätten in marinen Becken ist im Prinzip den gleichen Gesetzmäßigkeiten unterworfen, die schon früher für die Kontinente herausgearbeitet wurden. Es wird jedoch im marinen Bereich eine Reihe von Besonderheiten im tektonischen und historisch-geologischen Charakter beobachtet, die die Bildung großer und einheitlicher Lagerstätten begünstigen. Das kann in erster Linie mit der Lage der Rand- und Binnenmeere in den am stärksten mobilen (Kreuzungs-)Zonen der Erdrinde erklärt werden. Diese Besonderheiten kommen in den einzelnen Becken verschiedener Untertypen in verschiedenen Kombinationen vor. Bei ihrer vollkommenen Ausbildung führen sie zu folgendem:

a) Aufarbeitung des Granit-Gneis-Fundaments durch die Prozesse der Riftbildung und „Ozeanisierung“, die von einem erhöhten Wärmefluß begleitet werden. Das wiederum begünstigt die Erdöl-Erdgas-Bildung;

b) lang anhaltendes Absinken, das während des größten Teils des Phanerozoikums durch Sedimentanhäufungen kompensiert wurde. Das Fehlen dieser Kompensation fällt gewöhnlich in die känozoische Periode, was in den Tiefseegräben beobachtet werden konnte;

c) periodischer Wechsel von Tiefsee- und Flachseebedingungen für die Sedimentakkumulation, der von Pausen in der Sedimentation begleitet wurde. Das führte wiederum zu einem Wechsel in den Profilen der produzierenden Speicherschichten und der undurchlässigen Schichten;

d) Teilnahme von Vorsenken am Bau der Becken, die regionale Zonen der Erdöl-Erdgas-Akkumulation im großen Maßstab darstellen;

e) Entwicklung von Systemen sich kreuzender Spalten, hervorgerufen durch die äußerst differenzierte Beweglichkeit der Blöcke;

f) Anhäufung von Sedimenten känozoischen Alters, die große Mächtigkeiten erreichen und in denen noch nicht die Prozesse der Diagenese zu Ende gekommen sind. Das ermöglicht die Bildung besonders großer Lagerstätten mit anomalen Schichtdrücken.

Das Auftreten aller dieser Besonderheiten in ihrer Gesamtheit führt zur Bildung nicht nur von Strukturfallen, die sich während eines langen Zeitraums gebildet haben, sondern auch von lithologischen und stratigraphischen Fallen unterschiedlichen Typs. Hierzu gehören das Auskeilen oder die starke Verringerung der Sedimentmächtigkeit oberhalb von Schichten mit körnigen Lagern und Schichtpaketen mit Speichereigenschaften, Riffmassive, Zonen erhöhter Permeabilität von Kluftspeichern usw. Wenn zu diesen Fakten noch das Auftreten von Evaporiten kommt (bis jetzt fehlen Hinweise auf Evaporitführung nur noch in den Gräben der Randmeere im Westen des pazifischen Ringes)[2]), die als Abdeckung der Speicherschichten hervorragend geeignet sind, so ergeben sich für die Erdöl-Erdgas-Akkumulation ideale Bedingungen. Reziproke Beziehungen zwischen dem Relief des Meeresbodens und der Lagerung des Liegenden der Sedimentschicht, wie sie in einer Reihe von Becken der perikratonalen HGE auftreten, zeugen im Zusammenhang mit den obenaufgezählten Besonderheiten im tektonischen Bau im Verlauf der historischen Entwicklung von der Möglichkeit einer Migration der Kohlenwasserstoffe in die Flanken der Tiefseegräben und von ihrer zweifelsohne vorhandenen Perspektivität für die Suche wirtschaftlich interessanter Konzentrationen von Erdöl und Erdgas.

---

[2]) In der Literatur tauchen Hinweise auf, daß auch in diesem Gebiet Diapirstrukturen auftreten.

Zu den HGE der periozeanischen Senkungszonen gehören die Becken, die an der marinen und kontinentalen Peripherie des Atlantiks, des Indiks und des Nördlichen Eismeers ausgebildet sind. Von diesen kann als besonderer Untertyp (Übergangstyp) das arktische und der antarktische HGE ausgehalten werden. Die mit ihnen verknüpften Becken der Barentssee, Westsibiriens, der Anabar–Laptew-See, des Beaufortbeckens, des Afrikanisch–Antarktischen und anderen Becken haben viele gemeinsame Züge mit den perikratonalen HGE. Das kommt im Atlantischen und Indik-HGE in geringerem Maße zum Ausdruck.

Die tektonischen Besonderheiten der Erdöl-Erdgas-Akkumulation sind außerordentlich kompliziert. Auch die historisch-geologischen Besonderheiten können nur in erster Näherung ermittelt werden. Die existierenden Unterschiede zwischen den eigentlichen periozeanischen und perikratonalen Senken beginnen, sich in den Zonen des Kontinentalabhangs und innerhalb der Thalassosyneklisen abzuzeichnen. Sie treten auch klar im Bau des submarinen Rahmens zutage. Auf dem Kontinentalabhang herrschen die unterschiedlichsten Bedingungen für die Lagerung und den Bau der Sedimenthülle: Zunahme der Mächtigkeit nach unten in Richtung des Einfallens; Vergrößerung der Mächtigkeit, bedingt durch Verkürzung der Schichten; Entwicklung abgeschlossener und halb abgeschlosssener Senken, die nach dem Streichen der submarinen Teile der Kontinente orientiert sind und diese kreuzen; Zonen mit komplizierter Änderung der Mächtigkeit auf submarinen Randplateaus usw. Am Fuße vieler Kontinentalabhänge konnten Erhebungen festgestellt werden, die diese von den Thalassosynklisen abgrenzen. Diese Erhebungen mit Ausdehnungen bis zu 600 km nehmen ungefähr 85% des Umfangs des Atlantischen und des Indischen Ozeans ein. Ihr mittlerer Flächeninhalt beträgt 25 Mill. km^2, das Volumen der Sedimentgesteine dieser Erhebungen beträgt etwa 100 Mill. km^3 (EMERY 1969). Die angeführten Berechnungen wie auch die Analyse des gesamten zur Verfügung stehenden geologischen Materials führten EMERY zu dem Schluß, daß die Erhebungen am Fuße des Kontinentalabhangs kaum zu den Hauptobjekten bei der Entwicklung von Sucharbeiten in den letzten Jahrzehnten des 20. Jh. gehören. Da auf dem submarinen Rand der Kontinente und in den Übergangszonen der überwiegende Teil der mächtigen Sedimentschicht zu Sedimenten känozoischen Alters gehören, kann man hier ebenfalls Lagerstätten mit anomalen Schichtdrücken erwarten. Diese Anmerkungen haben im Prinzip Bedeutung für jeden beliebigen kontinentalmarinen HGE.

In den inneren Teilen der Thalassosyneklisen beträgt die Mächtigkeit der Sedimenthülle etwa 2,0 km. Sie nimmt von 5,0 bis auf 1,0 und weniger vom Kontinentalsockel bis zu den Umrahmungen, die aus dem Block- und Mittelozeanischen Rücken bestehen, ab. Hierbei ist das Liegende der Sedimentschicht in den Thalassosyneklisen relativ zu den Blöcken der Übergangszone häufig um 1,0 bis 3,0 km angehoben. Das ist ein Hinweis auf eine mögliche Richtung des Migrationsstroms der Kohlenwasserstoffe. Weiter oben wurde gesagt, daß in den Profilen der Sedimenthülle aus Gebieten mit ozeanisch ausgebildeter Rinde lithologische Besonderheiten der Gesteine vorkommen, die gewöhnlich erdöl-erdgasführende Schichten auf den Kontinenten bedecken. Es handelt sich dabei um fein- bis grobdetritische terrigene Bildungen, um organogene Kalke und sogar um Evaporite. Da sich immer mehr Fakten ergeben, die darauf hindeuten, daß in der mesozoischen Epoche einheitliche Flachwasser-Sedimentationsbecken existierten, die sowohl die rezenten Thalassosyneklisen als auch die an sie anschließenden kontinentalen Senken umfaßten, so kann man hieraus ableiten, daß Schichten besonders dieses Alters hier für die Entwicklung der Prozesse der Erdöl-Erdgas-Bildung äußerst perspektivisch sind.

Demzufolge sollten in die Becken der HGE vom periozeanischen Typ nicht nur der submarine Teil des Kontinents und der Übergangszone einbezogen werden, sondern auch die Thalassosyneklisen, die gegenwärtig in Form der Tiefseegräben junger Ozeane (Indischer und Atlantischer Ozean, Nördliches Eismeer) vorliegen.

Aus all dem Dargelegten folgt, daß in der Erdöl-Erdgas-Geologie außer den submarinen Kontinentalrändern noch zwei Objekte von globaler Bedeutung zu beachten sind: der Kontinentalabhang und sein Sockel einerseits und die Tiefseegräben der Meere und jungen Ozeane andererseits. Diese Objekte wurden bisher noch wenig untersucht. Ihre Erforschung jedoch, die in dem Maße zunehmen wird, wie das technische Niveau der Bohrungen auf See ansteigt, wird die Energieressourcen unseres Planeten bedeutend erweitern.

Zur Isotopenanalyse des organischen Kohlenstoffs geologischer Proben

CHRISTIAN GEISSLER, Leipzig

1. Einleitung

Neben der Verteilung der chemischen Elemente und ihrer Verbindungen in der Erdkruste werden heute in steigendem Maße die unterschiedlichen Häufigkeiten der Isotope von Wasserstoff, Stickstoff, Kohlenstoff, Sauerstoff, Schwefel, Helium, Argon sowie von Kalium, Rubidium, Blei, Uran und anderen Elementen für die Lösung geologischer Probleme genutzt. Dabei kann ein Maximum an Informationen durch komplexe Auswertung der Isotopendaten in Verbindung mit anderen geochemischen und geophysikalischen Ergebnissen erreicht werden. Für die Lagerstätten der Brennstoffe Kohle, Erdöl und Erdgas sind die stabilen Isotope des Kohlenstoffs, ^{12}C und ^{13}C, besonders interessant; einmal deshalb, weil der Kohlenstoff das Hauptelement der natürlichen Brennstoffe darstellt, und zum anderen, weil dieser in weit geringerem Maße Isotopenaustauschreaktionen unterliegt als andere Elemente, wie beispielsweise der

Eingang des Manuskripts in der Redaktion: 13. 5. 1971.

ebenfalls am Bau der Brennstoffe maßgeblich beteiligte Wasserstoff. Die natürliche Häufigkeit der beiden stabilen C-Isotope schwankt hauptsächlich in den Grenzen des $^{12}C/^{13}C$-Verhältnisses von 88 (= 1,12 At.-% ^{13}C) in einigen Karbonatgesteinen, bis 96 (= 1,03 At.-% ^{13}C) im Methan verschiedener Gase. Außer diesen Extremwerten sind charakteristische ^{13}C-Häufigkeiten für verschiedene Vorkommen des Kohlenstoffs festgestellt worden (NIER u. a. 1939, CRAIG u. a. 1964, PETRENKO 1962).

Abb. 1 (nach SILVERMAN 1964) zeigt diese Streubereiche, aufgetragen in Atom-% ^{13}C und in $\delta^{13}C$-Werten. Die $\delta^{13}C$-Werte sind nach CRAIG (1953) definiert:

$$\delta^{13}C = \frac{^{13}C/^{12}C\text{-Probe} - {}^{13}C/^{12}C\text{-Standard}}{^{13}C/^{12}C\text{-Standard}} \cdot 1000\ ^0/_{00}$$

Als einheitliche Bezugsgröße für die Angabe von $\delta^{13}C$-Werten hat sich der von CRAIG 1953 eingeführte PDB-Standard durchgesetzt ($CaCO_3$ fossiler Belemniten-„Donnerkeile" — aus dei Peedee-Formation Südcarolinas, USA) mit einem $^{13}C/^{12}C$-Verhältnis von $1123{,}73 \times 10^{-5}$ (CRAIG 1957).

Die großen Unterschiede in der ^{13}C-Häufigkeit wurden (und werden) in der Natur durch physikalische, chemische und biochemische Prozesse verursacht, die zu Isotopenfraktionierungen führen. Sowohl kinetische Isotopieeffekte bei irreversiblen Prozessen als auch thermodynamische Isotopieeffekte bei Gleichgewichten führen während des Kohlenstoffkreislaufs auf der Erde zu Verschiebungen der isotopen Zusammensetzung des Kohlenstoffs in seinen natürlichen Vorkommen. Wie Abb. 1 zeigt, ist der gesamte Schwankungsbereich der natürlichen ^{13}C-Häufigkeiten von 1,03 bis 1,14 Atom-% sehr groß. Für geologische Untersuchungen an bestimmten Kohlenstoffvorkommen, zum Beispiel den fossilen Brennstoffen, sind jedoch Messungen sehr kleiner Unterschiede notwendig.

Das genaueste Verfahren für ^{13}C-Häufigkeitsbestimmungen ist die massenspektrometrische Analyse (BIRKENFELD u. a. 1969), die heute Relativmessungen mit einem Fehler von nur $\pm 0{,}1^0/_{00}$ des $\delta^{13}C$-Wertes erlaubt.

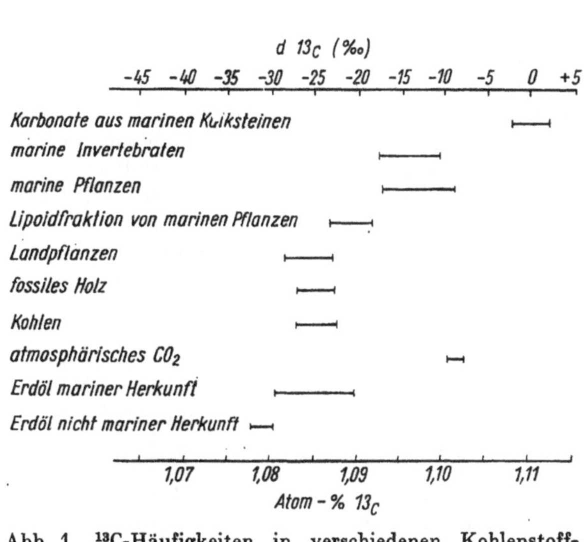

Abb. 1. ^{13}C-Häufigkeiten in verschiedenen Kohlenstoffvorkommen (nach SILVERMAN 1964)
(oberste Zeile lies: $\delta^{13}C$)

2. Forderungen an die Probenchemie

Für eine exakte Isotopenanalyse ist außer einem leistungsfähigen Massenspektrometer auch ein gut reproduzierbares Verfahren zur Herstellung eines geeigneten Meßgases notwendig. Seine Herstellung ist Gegenstand der Probenchemie. Diese entspricht den Aufbereitungs-, Trennungs- und Reinigungsoperationen, die bei einer quantitativen chemischen Analyse der abschließenden Messung (z. B. der Wägung in der Gravimetrie) vorausgehen. Sowohl bei der Isotopenanalyse als auch bei der chemischen Analyse müssen die Umarbeitungsvorschriften sehr sorgfältig ausgewählt und befolgt werden, weil Fehler während dieser Operationen auch durch größte Genauigkeit der eigentlichen Messung nicht mehr korrigiert werden können (ROLLE 1966). Die Isotopenanalyse im Bereich der natürlichen Häufigkeiten stellt die höchsten Anforderungen an die massenspektrometrische Meßgenauigkeit als eigentliche Messung und damit auch an die Reproduzierbarkeit der probenchemischen Verfahren. Für die ^{13}C-Probenchemie sind folgende Hauptforderungen zu erfüllen:

a) Grundvoraussetzung ist, daß die isotope Zusammensetzung des hergestellten Meßgases CO_2 mit der des Ausgangsmaterials übereinstimmt. Es darf also keine meßbare Verschiebung der isotopen Zusammensetzung während der Umarbeitung eintreten. Bei organischen Substanzen ist eine quantitative Oxydation notwendig, um Isotopieeffekte bei den Verbrennungsvorgängen auszuschließen.

b) Das Meßgas muß in sehr reiner Form erhalten werden, um das Massenspektrometer vor korrodierenden Verunreinigungen zu schützen. Zusätzlich führen Fremdgase auch zu falschen Meßergebnissen.

c) Das saubere Meßgas muß unter kontrollierbarem Druck in Behältnisse abgefüllt werden, die eine längere Lagerung ohne meßbare Veränderung der isotopen Zusammensetzung und des Reinheitsgrads gewährleisten.

d) Für geologische Untersuchungen sind fast immer größere Serien von Proben umzuarbeiten. Das probenchemische Verfahren soll deshalb möglichst einfach auszuführen und mit einem ökonomisch vertretbaren Arbeits- und Materialaufwand verbunden sein. Ein möglichst geringer Bedarf an Probensubstanz ist anzustreben.

Diese Anforderungen machen die Probenchemie des Kohlenstoffs zu einem analytischen Problem, das immer wieder von verschiedenen Autoren behandelt wird, obwohl bereits Lösungen in der Literatur beschrieben sind.

3. Die ^{13}C-Probenchemie

Das bekannteste und wohl verbreitetste Verfahren der ^{13}C-Probenchemie ist das von CRAIG 1953 angegebene, das in vielen Laboratorien mit Erfolg angewendet wird. Auf eine Beschreibung der Methode kann hier verzichtet werden. Ein Hauptgrund für die Entwicklung anderer Verfahren war möglicherweise der Mangel an geeigneten automatischen TOEPLER-Pumpen, die für die Kreislaufverbrennung nach CRAIG erforderlich sind.

So ersetzten BOLOTNIKOW & FINKELSCHTEIN (1964) sowie LEBEDEW (1964) die TOEPLER-Pumpe durch ein heißes senkrechtes Quarzrohr. Die dadurch erzeugte thermische Konvektion ist im Vergleich zur TOEPLER-Pumpe weniger effektiv und gestattet nur eine Verbrennung im „leeren" Rohr. GALIMOW (1967) verwendete eine elektromagnetisch betriebene Kolbenpumpe in Verbindung mit einem Ventilsystem. LETOLLE (1969) benutzte als Umlaufpumpe einen mechanisch bewegten Faltenbalg mit Einlaß- und Auslaßventil.

Andere Autoren gingen bei ihren Umarbeitungsmethoden vom Verbrennungsprinzip der klassischen C/H-Elementaranalyse aus. Die verschiedenen in der Literatur beschriebenen Methoden unterscheiden sich hauptsächlich durch die Art, das Verbrennungs-CO_2 aus dem Sauerstoffstrom zu isolieren. HAHN-WEINHEIMER (1965) sowie SCHEFFLER u. a. (1966) absorbierten das CO_2 als Bariumkarbonat, das abfiltriert und mit H_3PO_4 im Vakuum zersetzt wurde. Nach GLASCOCK (1952) und HAHN-WEINHEIMER & MARKL wurde das Verbrennungs-CO_2 mit flüssigem Stickstoff ausgefroren, wobei in den Ausfriergefäßen ein geringer Unterdruck erzeugt wurde, um eine Kondensation des überschüssigen Sauerstoffs zu vermeiden. GEISSLER & MAASS (1968) benutzten Pentan-Stickstoff-Kältemischungen, um bei —160 °C CO_2 aus dem Sauerstoffstrom auszufrieren, während der Sauerstoffdruck nicht reduziert wurde.

Zweifellos können mit den vorstehend genannten Verbrennungsmethoden brauchbare Analysenergebnisse erzielt werden. Wenn hier über ein weiteres Verfahren der ^{13}C-Probenchemie berichtet wird, soll nicht den vorstehend genannten Möglichkeiten eine weitere Variante hinzugefügt werden. Vielmehr sollte das Verfahren den Erfordernissen der Routineanalytik für geologische Untersuchungsprogramme besser gerecht werden, d. h., es wurde besonders auf die unter d) genannten Forderungen geachtet.

Als besonders vorteilhaft für Routineanalysen haben sich Umsetzungen im geschlossenen Rohr (Ampullenmethoden) erwiesen. Seit längerem werden massenspektrometrische N- und H-Isotopenanalysen an organischen Substanzen durch Umsetzungen im geschlossenen Rohr probenchemisch vorbereitet (ROLLE u. a. 1967; ROLLE 1964; HÜBNER 1960). Weiterhin haben sich Ampullenmethoden für die Probenchemie ^{14}C- und ^{3}H-markierter Verbindungen bewährt (DERMIETZEL 1967; SIMON u. a. 1959; SCHMIDT 1963). Daß für die ^{14}C-Analyse entwickelte Verfahren nicht direkt für ^{13}C-Analysen im Bereich der natürlichen Häufigkeiten übertragbar sind, zeigen die Ergebnisse von STAHL (1968). Die Anwendung einer für ^{14}C-Altersbestimmungen entwickelten Verbrennungsmethode führte bei ^{13}C-Messungen zu schlecht reproduzierbaren Ergebnissen (durchschnittlicher probenchemischer Fehler $= \pm 0{,}7‰$ bei $\pm 0{,}1‰$ massenspektrometrischem Fehler).

Die ^{14}C-Probenchemie erfordert eine Überführung des Kohlenstoffs in die Gasphase. Außer CO_2 können auch CO, CH_4 und andere Kohlenwasserstoffe als Zählgas dienen. Alle Methoden, die keine quantitative Oxydation, sondern nur eine quantitative Überführung in den Gaszustand bezwecken, sind für die ^{13}C-Probenchemie ungeeignet.

4. Ein schnell arbeitendes Verfahren der ^{13}C-Probenchemie

Bei der Entwicklung einer schnell arbeitenden Ampullenmethode für ^{13}C-Analysen erschien es lohnend zu prüfen, wieweit für die Gasphasenmessung von ^{14}C in der Literatur beschriebene Oxydationsverfahren anwendbar sind. Als Oxydationsmittel empfahl sich Kupferoxid, das WILZBACH & SYKES (1954), SIMON u. a. (1959) und CHRISTMAN u. a. (1955) für die ^{14}C-Probenchemie erfolgreich verwendet hatten. Die Autoren benutzten Bombenrohre aus schwer schmelzbarem Glas und oxydierten durch 40 Minuten langes Erhitzen bei 650 °C. Nach SIMON u. a. (1959) erfolgt eine quantitative Oxydation nur, wenn die Substanzen im direkten Kontakt mit dem Kupferoxid sind oder wenn außer dem CuO noch gasförmiger Sauerstoff im Bombenrohr zugegen ist. Sie verwendeten deshalb neben CuO Kaliumperchlorat (Zersetzungstemperatur 610 °C) als Sauerstoffquelle bei der Oxydation im geschlossenen Rohr.

Bei der Übernahme dieser Methode für die ^{13}C-Probenchemie wurde die Verwendung von Fiolaxampullen anstelle der Bombenrohre aus schwer schmelzbarem Glas angestrebt. Fiolaxampullen werden für die pharmazeutische Industrie maschinell in großen Stückzahlen produziert, der Preis pro Ampulle beträgt 0,02 Mark. Bombenrohre, wie sie von anderen Autoren für die ^{14}C-Probenchemie benutzt wurden, müssen in Sonderanfertigung aus Supremaxglas hergestellt werden. Der Preis beträgt 0,70 Mark pro Stück. Die käuflichen Fiolaxampullen sind mit einem zugeschmolzenen Kopf versehen, der erst vor der Benutzung geöffnet wird. Dadurch sind diese Ampullen innen stets staubfrei und brauchen nicht gereinigt zu werden. Die Verwendung von Fiolaxampullen begrenzt die Oxydationstemperatur auf 500 °C und schließt damit $KClO_4$ als Sauerstofflieferanten wegen seines zu hohen Zersetzungspunkts von 610 °C aus.

Es wurde folgende Arbeitsweise angewandt: Kupferoxid in Drahtform (zur Elementaranalyse; VEB Laborchemie Apolda) wurde im Mörser grob zerkleinert und in einem Quarzrohr 2 bis 3 Stunden bei 800 °C im Sauerstoffstrom erhitzt, um oxydierbare Verunreinigungen zu beseitigen. Etwa 2 g des so vorbehandelten CuO kamen zur Abfüllung in Fiolaxampullen (Norminhalt 5 ml, Hersteller VEB Pharmaglaswerke Neuhaus/Rennweg). 20 bis 30 Ampullen wurden danach im Vakuumofen $^1/_2$ bis 1 Stunde bei 400 °C ausgeheizt. Dabei mußten die von der Herstellung in den Ampullen verbliebenen Flammengase sowie das am CuO adsorbierte CO_2 beseitigt werden. Nach dem Abkühlen wurde der Vakuumofen mit Sauerstoff gefüllt. Die Analysensubstanzen (2 bis 3 mg C entsprechende Mengen) waren so in die Ampullen zu füllen, daß möglichst wenig Luft in die mit Sauerstoffatmosphäre gefüllten Ampullen eindrang. Flüssigkeiten brachte man mittels 1 bis 2 mm weiten Kapillarstückchen ein. Nach dem Zuschmelzen wurden die Ampullen kurz durchgeschüttelt und dann 15 Stunden (über Nacht) im Muffelofen bei 500 °C ausgeheizt.

Für die massenspektrometrische Isotopenanalyse muß das Meßgas CO_2 noch gereinigt werden. Dazu diente die Apparatur gemäß Abb. 2. Die Verwendung einer Quecksilberpumpe (nach GEISLER) gewährleistet, daß die Hauptmenge des CO_2 in die Probenröhrchen P gelangt und für die massenspektrometrische Messung genutzt werden kann. Außerdem kann so der Druck in P leicht reguliert werden. Die Fiolaxampullen wurden im Vakuum geöffnet, das CO_2 mit flüssigem Stickstoff in der Kühlfalle ausgefroren und diese nach etwa 10 Minuten noch einmal evakuiert. Anschließend läßt man das CO_2 unter Kühlung mit Trockeneis in der Kühlfalle auftauen (10 Minuten Wartezeit) und fördert

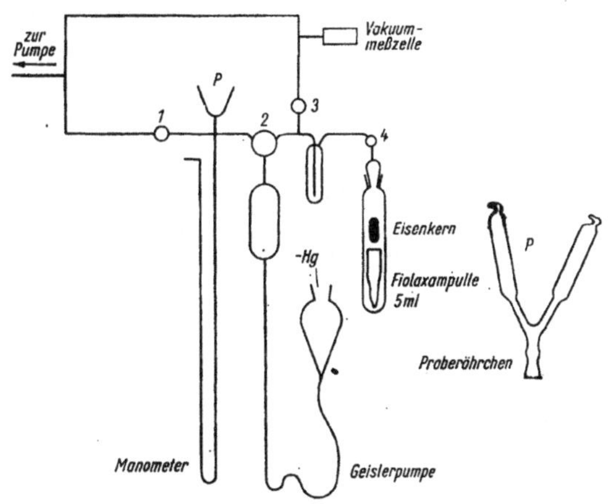

Abb. 2. Apparatur zum Abfüllen und Reinigen des CO_2 für die massenspektrometrische Isotopenanalyse

es aus dieser mittels GEISLER-Pumpe in die Probenröhrchen *P*, die bei 150 Torr abgeschmolzen werden.

Das Meßgas war in allen Fällen sauber. Störungen der Isotopenanalyse durch Stickstoff, Halogene oder Schwefeldioxid traten auch bei hohen Gehalten der Analysensubstanzen an Stickstoff, Halogen oder Schwefel nicht auf. Das Kupferoxid erfüllt somit drei Funktionen: 1. Es oxydiert die organische Substanz. 2. Durch Reduktion entstandenes Kupfer verhindert die Bildung von Stickoxiden. 3. Halogen und Schwefel werden gebunden.

5. Ergebnisse

Die Ampullenmethode fand zunächst bei Festsubstanzen und schwerflüchtigen, zähflüssigen Proben Anwendung und Erprobung. 25 verschiedene Substanzen wurden je 2- bis 5mal umgearbeitet (insgesamt 62 Ampullen); von jeder Ampulle wurden 2 Probenröhrchen mit CO_2 abgefüllt und getrennt massenspektrometrisch analysiert. Alle vorliegenden 124 Meßwerte bildeten die Unterlage für eine statistische Auswertung (Varianzanalyse). Als mittlerer Streubereich s_m für eine massenspektrometrische Einzelmessung ergab sich:

$$s_m = \pm\ 0{,}10‰ \text{ des } \delta^{13}\text{C-Werts}$$

Für die probenchemische Umarbeitung (eine Ampulle) ergab sich eine mittlere Streuung s_{Pr} von:

$$s_{Pr} = \pm\ 0{,}06‰ \text{ des } \delta^{13}\text{C-Werts}$$

Die Fehlerangaben gelten für eine statistische Sicherheit von 1σ, das heißt, daß der „wahre Wert" einer Probe mit 63,27% Wahrscheinlichkeit innerhalb des angegebenen Streubereichs liegt.

Die errechneten Streubereiche zeigen, daß die Umarbeitung in Ampullen gemäß der obenbeschriebenen Arbeitsweise gut reproduzierbare Isotopenanalysenergebnisse liefert. Die 25 verwendeten Testsubstanzen — Steinkohle, Huminstofffraktionen, Bitumenfraktionen — waren gut homogenisierbar. Es sollte deshalb geprüft werden, wie sich der Streubereich bei besonders schwierig zu homogenisierendem Probenmaterial vergrößert.

Zu diesem Zweck wurden 22 Erdölproben (zum Teil sehr leichtflüchtig) insgesamt 46mal in Ampullen oxydiert. Aus den 92 massenspektrometrischen Einzelmeßwerten wurden wiederum für die probenchemische Umarbeitung und die massenspektrometrische Messung getrennte Streubereiche ermittelt:

$$s_m = \pm\ 0{,}08‰$$

$$s_{Pr} = \pm\ 0{,}11‰$$

Die gleichen 22 Erdöle wurden insgesamt 51mal im Halbmikromaßstab (20 bis 25 mg C entsprechende Substanzmengen pro Umarbeitung) im Sauerstoffstrom verbrannt (vgl. GEISSLER & MAASS 1968). Die Auswertung der 102 Meßwerte ergab Streubereiche von

$$s_m = \pm\ 0{,}6‰$$

und

$$s_{Pr} = \pm\ 0{,}10‰$$

In den Streubereichen s_{Pr} von $\pm$ 0,11 bzw. $\pm$ 0,10‰ ist augenscheinlich ein zusätzlicher Fehleranteil, durch die Inhomogenität des Probematerials bedingt, enthalten. Dieser Fehleranteil verkleinert sich nicht wesentlich durch größeren Substanzeinsatz pro Analyse (zur Verbrennung im Sauerstoffstrom wurden 20 bis 25 mg C, also etwa zehnmal mehr Substanz eingesetzt als bei der Ampullenmethode). Da sich der größere Streubereich durch eine höhere Anzahl von parallelen Bestimmungen kompensieren läßt, empfiehlt sich für die Routineanalytik auch im Falle solcher inhomogener Substanzen, wie z. B. Rohöle, wegen des geringeren Arbeitsaufwands die Oxydation in Ampullen.

Die beschriebene Methode konnte für die Untersuchung bitumenhaltiger Gesteinsproben erfolgreich angewendet werden. Nach der Beseitigung des Karbonatanteils durch Kochen mit Salzsäure wurden die gewaschenen und getrockneten Gesteine direkt in die vorbereiteten CuO-Ampullen gefüllt. Dabei muß der ungefähre Gehalt an organischem Kohlenstoff bekannt sein. Die Ergebnisse der Isotopenanalysen waren ebenfalls gut reproduzierbar.

Bei einem Vergleich der δ^{13}C-Werte von 23 Substanzen mit δ^{13}C-Werten, die an den gleichen Proben erhalten wurden nach der Oxydation im Sauerstoffstrom — wie früher beschrieben —, zeigte sich, daß die nach der Oxydation in Ampullen erhaltenen Werte im Mittel um $-0{,}07‰$ abweichen. Diese Differenz kann zur Zeit noch nicht erklärt werden; an allen verglichenen δ^{13}C-Werten wurden ^{17}O-Korrekturen angebracht.

Abschließend kann eingeschätzt werden, daß die beschriebene Methode der Oxydation organischer Substanzen mit CuO in Fiolaxampullen ein leistungsfähiges probenchemisches Verfahren für die ^{13}C-Analyse ist, das sich durch relativ geringen Arbeitsaufwand für Routineanalysen geologischer Proben besonders empfiehlt. Bei leichtflüchtigen flüssigen Proben kann die schlechtere Reproduzierbarkeit durch eine größere Zahl von Parallelbestimmungen verbessert werden.

Zusammenfassung

Die Isotopengeochemie des Kohlenstoffs gewinnt als Hilfsmittel bei der Erforschung unserer Brennstofflagerstätten steigende Bedeutung. Die Notwendigkeit, kleinste

Unterschiede in den ^{13}C-Häufigkeiten möglichst vieler Proben zu messen, erfordert leistungsfähige Analysenverfahren mit relativ geringem Aufwand pro Analyse. Es wird eine einfache Methode zur Oxydation organischer Substanzen mit CuO in Ampullen beschrieben. Das so erhaltene CO_2 eignet sich als Meßgas für die massenspektrometrische ^{13}C-Bestimmung an natürlichen Proben. Die Meßergebnisse verschiedener Probenserien werden statistisch ausgewertet und die Analysenfehler diskutiert.

Frau I. FLÜGEL und Herrn Dipl.-Phys. K. P. DOSTAL danke ich für die sorgfältige Ausführung der massenspektrometrischen Messungen.

Резюме

Изотопная геохимия, как вспомогательное средство при исследовании наших месторождений горючих ископаемых, приобретает всё возрастающиее значение. Необходимость измерения минимальных различий в частоте проявления ^{13}C в по возможности большом количестве проб требует эффективных способов анализа с относительно малыми затратами на анализ. Описывается простой метод окисления органических веществ с помощью CuO в ампулах. Полученное таким образом CO_2 может применяться как измерительный газ для масс-спектреметрического анализа ^{13}C в природных пробах. Результаты измерения различных серий проб статистически обрабатываются и ошибки обсуждаются.

Summary

The isotope geochemistry of carbon gains more and more importance as an aid to investigate our fuel deposits. The necessity of measuring minimum differences in the ^{13}C abundances of samples as much as possible requires the use of efficient methods of analysis with a relatively low expense per analysis. A simple method is described for the oxidation of organic substances in ampullas by means of CuO. The CO_2 thus obtained is suited as a sample gas for the ^{13}C determination of natural samples by mass spectrometry. The test results of several series of samples are evaluated statistically and the errors of analysis are discoussed.

Literatur

BOLOTNIKOW, A. A., & J. B. FINKELSCHTEIN: Pribori i technika experimenta 2, 172 (1964) (russ.).
BIRKENFELD, H., G. HAASE & H. ZAHN: Massenspektrometrische Isotopenanalyse. – VEB dt. Verl. Wiss., Berlin 1969.
CHRISTMAN, D. R., N. E. DAY, P. R. HANSELL & R. C. ANDERSON: Analytical Chemistry, 27, 1935 (1955).
CRAIG, H.: Geochim. et Cosmochim. Acta, 3, 53 (1953).
– Geochim. et Cosmochim. Acta, 12, 133 (1957).
CRAIG, H., S. L. MILLER & G. J. WASSERBURG: Isotopic and Cosmic Chemistry. – North Holland Publishing Company, Amsterdam 1964.
DERMIETZEL, J.: Die Probenaufbereitung ^{3}H- und ^{14}C-markierter organischer Verbindungen zur Radioaktivitätsbestimmung in der Gasphase (Diss.). – Techn. Hochsch. Merseburg 1967.
GALIMOW, E. M.: Geochimija, 12, 1504 (1967) (russ.).
GEISSLER, C., & I. MAASS: Isotopenpraxis, 4, 7, 280 (1968).
GLASCOCK, R. F.: Biochem. J., 52, 699 (1952).
HAHN-WEINHEIMER, P.: Geol. Rundsch., 55, 197 (1965).
HAHN-WEINHEIMER, P., & G. MARKL: Bundesministerium für wissenschaftliche Forschung, Forschungsber. Nr. K 68–13.
HÜBNER, G.: Kernenergie, 3, 888 (1960).
LEBEDEW, W. S.: Geochimija, 11, 1128 (1964) (russ.).
LETOLLE, R.: Isotopes du carbone dans la matière organique de deux estuaires (Ems et Garonne), et conséquences sur le mouvement des vases. – Vortr. Rundtischgespräch natürliche Verteilung stabiler Isotope. – Cluj (Rumänien) 19.–22. Nov. 1969.
NIER, A. O., & E. A. GULBRANSEN: J. Amer. chem. Soc., 61, 697 (1939).
PETRENKO, I. G.: Isotope in der Geochemie der Kaustobiolithe. – Isdat. Akad. Nauk USSR, Moskau 1962 (russ.).
ROLLE, W.: Z. Chemie, 10, 396 (1964).
– Beiträge zur probenchemischen Umarbeitung und Isotopenanalyse von ^{15}N- und D-markierten Verbindungen (Diss.). – Leipzig 1966.
ROLLE, W., & H. HÜBNER: Z. analytische Chemie, 232, 5, 328 (1967).
SCHEFFLER, H., I. MAASS, W. SCHWARTZ & I. SCHREYER: Z. angew. Geol., 12, 8, 393, Berlin 1966.
SCHMIDT, H. L.: Atompraxis, 9, 349 (1963).
SILVERMAN, S. R.: Investigations of petroleum origin and evolution mechanism by carbon isotope studies. In: Isotopic and Cosmic Chemistry. – North Holland Publishing Company, Amsterdam 1964.
SIMON, H., H. DANIEL & J. F. KLEBE: Angew. Chemie, 71, 9, 303 (1959).
STAHL, W. J.: Diss.: Kohlenstoff-Isotopenanalysen zur Klärung der Herkunft nordwestdeutscher Erdgase. – Techn. Hochsch. Clausthal 1968.
WILZBACH, K. E., & W. Y. SYKES: Science, 120, 3117, Washington 1954.

Die Redoxeigenschaften von Gesteinen, die neben Schwarzschiefern mit Uranvererzung liegen

A. A. KURDJUKOW, UdSSR

Die Anreicherung von Uran in Schwarzschiefern hängt im allgemeinen mit der Sedimentation zusammen. Bauwürdige Konzentrationen werden jedoch auf sehr schmalen Flächen und während der späteren geologischen Prozesse gebildet. Zu diesen Prozessen zählt die Metamorphose, welche die Umverteilung der Erzsubstanz in den uranführenden Serien stimulierend beeinflußt. Andere Autoren führen die Bildung von Lagerstätten dieses Typs auf hydrothermale Stoffzufuhren zurück. In beiden Fällen bekommen die Redoxeigenschaften der Gesteine für die Bildung der Vererzung eine bestimmende Rolle, deren Untersuchung in einer Lagerstätte, die R. W. GEZEWA (1957) und B. L. RYBALOW (1965) beschrieben haben, vorliegende Arbeit gewidmet ist.

Die Lagerstätte tritt im unteren Paläozoikum auf, wurde während der variskischen Tektogenese in Falten gepreßt und durch Überschiebungen und Verwerfungen kompliziert. Der untere Profilteil wird aus monotonen glimmerig-tonigen Schiefern mit Zwischenlagen von quarzitartigen Sandsteinen und Aleurolithen zusammengesetzt. Danach folgen relativ geringmächtige kohlig-kieselige Schiefer mit Konkretionen von Pyrit und Phosphorit. Der obere Teil des Profils besteht aus Kalksteinen, kalkig-tonigen und kohlig-tonigen Schiefern. Außerdem wird der Lagerstättenbereich durch diskordante und konkordante Diabaskörper durchsetzt. Die Gesteine des Profils enthalten Spuren einer Regionalmetamorphose in Form einer deutlichen Schieferung, Neubildungen von Quarz, Serizit, Pyrit sowie kleinen Trümchen von Quarz, Karbonat, Baryt, Sulfiden u. a. Mineralen.

Eine Uranmineralisation wurde in allen lithologischen Varietäten, einschließlich der Diabase, festgestellt. Die Uranverbindungen dispergieren entweder im gesamten Gesteinsvolumen, oder sie werden durch kleinste Gesteinsrisse kontrolliert. Die höchsten Urankonzentrationen werden in Gebieten komplizierter Falten- und Bruchstrukturen, in Bereichen starker Zerklüftung, brekzisierten und mylonitisierten Zonen angetroffen. Die Uranoxide verdrängen metasomatisch den Zement der Mylonite, entwickeln sich in den Interstitien der Quarz- und Serizitkörner, neigen zu Metakristallen und

Aus: „Litologija i polesn. iskopaem", Nr. 1, S. 130–133 (1970) (leicht gekürzt).
Übers.: W. BEYER, Schneeberg.

Konkretionen von Pyrit und bilden selbständige kleine Trümchen im Gestein. Die Pechblendeerze auf tektonischen Störungen und Spalten entstanden nach den „flözartigen" Erzkörpern in der Mineralphase des abschließenden (zehnten) Mineralkomplexes, der mit der Metamorphose zusammenhängt (GEZEWA & DERJAGIN 1963).

Vom Gesichtspunkt einer hydrothermalen Genese aus gesehen (RYBALOW 1965), entstand die bauwürdige Vererzung während der Halbplattformperiode des Gebietes und nach der Regionalmetamorphose und Faltung.

Die Lage der Erzkörper wird im Profil durch ein bis zwei lithologische Gesteinsvarietäten kontrolliert. Wenn sich die Vererzung beispielsweise in den glimmerig-tonigen Schiefern oder Diabasen konzentriert, so werden die angrenzenden kohlig-kieseligen Schiefer erzlos sein. Umgekehrt enthalten im Kontakt mit erzführenden Schwarzschiefern die glimmerig-tonigen Schiefer keine Vererzung. Kompliziertere Fälle mehrstufiger Verteilung von Erzkörpern hängen in der Regel mit Überschiebungen und überkippten Falten zusammen und sind im normalen stratigraphischen Profil seltener. Im letzteren Falle bleiben die Erze entweder in einer lithologischen Varietät dominierend, oder die gesamte Vererzung tritt als arme und disperse Vererzung auf.

Ferner ist der Umstand zu berücksichtigen, daß trotz der gleichen Fähigkeit zur Erzkontrolle die Gesteine chemisch und mineralogisch sehr unterschiedlich sind. Hier kann zur Erklärung auch nicht das Auftreten von organischen Substanzen und Pyrit herangezogen werden, die im allgemeinen als Kriterien der Reduktionsfähigkeit von Gesteinen gelten. In Diabasen sind diese Bildungen praktisch nicht vorhanden, aber die Vererzung erreicht in ihnen die gleiche oder sogar höhere Konzentration als in den Schwarzschiefern. Deshalb sind die Redoxverhältnisse und der pH-Wert des Milieus in der Geochemie des Urans zweifellos bestimmende Faktoren, und die Redoxverhältnisse können nicht nur hinsichtlich des Vorhandenseins oder Fehlens organischer Substanzen oder Sulfide interessant sein, sondern auch bezüglich der Einwirkung von Lösungen auf die Gesteine.

Die Gesteine wurden zur Untersuchung der Redoxverhältnisse auf zwei Profilen der Lagerstätte beprobt. Die Ergebnisse sind in der Tabelle angeführt. Die Untersuchung erfolgte in wäßrigen, von Luft isolierten Suspensionen, die aus Gesteinspulver in destilliertem Wasser vorbereitet und einheitlich in einem Stickstoffstrom bearbeitet wurden. Der Gleichgewichtszustand zwischen den Phasen wurde in den isolierten Systemen nach der Eh- und pH-Stabilität im Sediment und dem Rückstand der Suspensionen durch tägliche Messung dieser Größen mit Hilfe des pH-Meter-Millivoltmeters LPM-60 erreicht.

Die erhaltenen Ergebnisse zeigen, daß die Gesteine der untersuchten Profile in der Regel schwachalkalische Reduktionseigenschaften besitzen, d. h., nach diesem Merkmal liegen die untersuchten Gesteine eng beieinander. Eine Ausnahme bildet der massive kohlig-kieselige Schiefer, der durch einen niedrigen pH-Wert (etwa 2,5) und ein klarausgeprägtes Oxydationspotential (Eh > 500 Millivolt) gekennzeichnet ist. Es

Tabelle. Erzhöffigkeit und Redoxeigenschaften von Gesteinen der produktiven Serie

Profil	Erz-höffigkeit	pH, mv	Eh, mv
Profil I			
glimmerig-tonige Schiefer	++	8,18	−320
kohlig-kieselige Schiefer	−	2,48	490
Diabas	++	8,34	−245
kohlig-kieselige Schiefer	−	2,35	515
dolomitisierter Kalkstein	−	7,84	−315
kohlig-toniger Schiefer	−	7,60	−230
kalkig-toniger Schiefer	−	7,42	−235
Profil II			
glimmerig-tonige Schiefer	−	8,08	−180
kohlig-kieselige Schiefer	++	7,86	−70
dolomitisierter Kalkstein	+	8,03	−240
kohlig-tonige Schiefer	−	6,82	−175
kalkig-tonige Schiefer	−	7,86	−165

++ − gute Vererzung; + − disperse Vererzung; − − erzlose Gesteine

ist typisch, daß namentlich dieses Gestein im Profil I praktisch erzlos ist, während die angrenzenden glimmerig-tonigen Schiefer und Diabase mit den stärksten Reduktionseigenschaften eine bauwürdige Vererzung aufweisen. Im Profil II stellen die kohlig-kieseligen Schiefer eine etwas andere Varietät dar und besitzen im wäßrigen Milieu eine schwachalkalische Reaktion sowie negative Eh-Werte. Hier ist an diese Schiefer eine Uranvererzung gebunden, und die hangenden glimmerig-tonigen Schiefer führen im Gegensatz zu Profil I keine Vererzung.

Werden die Besonderheiten im Verhalten von Uran unter Oxydations- und Reduktionsmilieu beachtet, so kann angenommen werden, daß die Verknüpfung von Schichten mit stark unterschiedlichen Redoxeigenschaften unter den Bedingungen eines hydraulischen Kontaktes zwischen ihnen in merklichem Maße den Austausch- und Konzentrationsprozeß beeinflußt. Ein derartiges Beispiel des Nebeneinanderlagerns bilden im unteren Profilteil die kohlig-kieseligen und glimmerig-tonigen Schiefer, wo der Hauptteil der Erze konzentriert ist. Die Gesteine des oberen Profilteils mit schwach differenzierten Redoxeigenschaften enthalten in der Regel nur eine disperse Vererzung. Diese Erscheinung kann erklärt werden.

Die der produktiven Gesteinsserie durch reduzierende und oxydierende Lösungen verliehenen Fähigkeiten ergeben für die Prozesse der Uranmigration eine gewisse Begrenzung. Anscheinend ist der Austausch oxydierender Lösungen auf kleinsten Rissen und Poren und beliebig große Entfernungen in Gesteinen mit reduzierenden Eigenschaften unmöglich, wenn man dabei die unvermeidliche Veränderung der Zusammensetzung und der Redoxeigenschaften der austauschenden Lösungen und folglich auch die Form des auftretenden Urans in Betracht zieht. Die erhaltenen Redoxpotentiale und pH-Werte dieser Gesteinsgruppe liegen außerhalb des Stabilitätsfelds von sechswertigen Uranoxiden (GARRELS 1960). Wird die relativ hohe Geschwindigkeit der Einstellung eines Gleichgewichts zwischen den Phasen berücksichtigt, kann vermutet werden, daß die sechswertiges Uran führenden Lösungen unter diesen Bedingungen nicht mehr als einige zehn Meter ausgetauscht werden können. Gleichzeitig dienten die Gesteinszwischenlagen, die Oxydationseigenschaften besitzen, wahrscheinlich als Kanäle der Uranmigration auf größere Entfernungen. Die uranführenden Lösungen, die auf diesem Wege in Gebiete komplizierter Falten- und Bruchstrukturen transportiert werden, dringen unter den Verhältnissen eines hydraulischen Kontaktes zwischen den Schichten in die reduzierenden Gesteine ein und verlieren dort ihre uranführenden Substanzen.

Eine eingehendere Untersuchung wird zweifellos neue interessante Angaben erbringen, die die Gesetzmäßigkeiten der Lokalisierung von Uranerzen in Lagerstätten des betrachteten Typs besser erkennen lassen.

Literatur

GARRELS, P. M.: Verschiedene thermodynamische Verhältnisse zwischen Uranoxiden und ihre Beziehungen zum Oxydationszustand der Uranerze. – In Sbornik: Thermodynamik geochem. Prozesse, Isd. innostr. lit., Moskau 1960.

GEZEWA, R. W.: Zur Charakteristik des sedimentär-metamorphen Typs der Uranvererzung. – In Sbornik: Fragen der Geologie des Urans, Atomisdat, Moskau 1957.

GEZEWA, R. W., & A. A. DERJAGIN: Über die mineralogisch-geochemischen Besonderheiten einer sedimentär-metamorphen Uranlagerstätte. – In Sbornik: Fragen der angew. Radiogeologie, Gosatomisdat (1963).

RYBALOW, B. L.: Strukturelle Besonderheiten und Fragen der Genese von Uranlagerstätten in Schwarzschiefern und Karbonatgesteinen. – Geol. rudn. mestorosh., Nr. 2, Moskau 1965 (dtsch. Schriftenr. SDAG Wismut. – Wiss.-techn. Erkenntnisse bei der Uranerkundung in der Sowjetunion, H. 7).

Die Kennzeichen von Schlot- und schlotnahen Zonen an erodierten Paläovulkanen

W. S. SCHARFMAN

Referiert von WOLFGANG BEYER, Schneeberg

In alten vulkanogenen Formationen hat die Trennung von Schlot- und schlotnahen Zonen und ihrer Fazies für die geologische Kartierung sowie die Suche und Erkundung von Kies-, polymetallischen und anderen Lagerstätten eine große Bedeutung, da letztere oftmals an diese Bereiche gebunden sind. Die Schlot- und schlotnahe Fazies nimmt in vulkanogenen Formationen nur eine geringe Fläche ein, so daß sie nur durch eine detaillierte Kartierung aufgefunden werden kann. Die praktische Bedeutung derartiger Untersuchungen wurde leider bisher unterschätzt.

In der vorliegenden Arbeit werden die Besonderheiten einiger Paläovulkane im südlichen Ural betrachtet und Literaturangaben ausgewertet, um so die Kennzeichen von Schlot- und schlotnahen Zonen und Fazies herauszuarbeiten.

Die Schlotfazies umfaßt die Gesteine im Schlot des Vulkans, während die schlotnahen Fazies der Hangneigung der Vulkanbaue entsprechen. In Abhängigkeit vom Typ der vulkanogenen Tätigkeit besteht die Schlotfazies aus stofflich gleichen oder ungleichen Effusiva und Pyroklastiten, die in einer oder mehreren Phasen des aktiven Vulkanismus gebildet wurden. Die Schlotfazies ist meist an Störungsbereiche gebunden und spiegelt deren morphologische Elemente wider. Die Größe der Schlotzonen variiert in weiten Grenzen (einige zehn Meter bis zu 1–2 km im Durchmesser). Sie können unterschiedliche Form, Aufbau, Zusammensetzung und Genese aufweisen.

Für viele Vulkane sind kleine Schlote typisch. Im Vulkan Lada im südlichen Ural (Abb.), einem Nebenkrater eines größeren Stratovulkans, besteht die Schlotzone aus drei Gesteinsvarietäten, die als stockartige Körper vorliegen und einer bestimmten Phase der vulkanogenen Tätigkeit entsprechen. Nach Andesitporphyriten folgen Dazite und Andesit-Dazite und schließlich Liparit-Dazite. Diese Abfolge mehrphasiger Eruptionen bestätigen auch die Laven und Pyroklastite der schlotnahen Fazies. Für letztere sind im Unterschied zur Schlotfazies eine horizontale Lagerung, das Fehlen von Xenolithen des Fundaments, das Vorhandensein vulkanischer Bomben und Lavabrekzien typisch.

Die Fazies der schlotnahen Zonen besteht aus grobklastischen diabasischen Tuffbrekzien und Andesit-Basalt-Porphyriten sowie Dazitergüssen und ihren Pyroklastiten. Mit Annäherung an den Schlot nimmt ihre Mächtigkeit zu (800 m und mehr). Vom Autor wurden Vulkanbaue bis zu 20 km Durchmesser untersucht, die hauptsächlich aus pyroklastischen Gesteinen bestanden. Die Lage des Schlots wurde durch die Auskartierung der grob- bis feinklastischen Tuffbrekzien sowie der Tuffe und Tuffite bestimmt.

Aus: „Sowjetskaja Geologija", H. 4, S. 120–132, Moskau 1969.

Für die Schlotfazies sind nach dem Autor folgende Merkmale charakteristisch:

1. Die Schlotfazies hat oft einen zonalen Aufbau, was nicht allein durch mehrfache Eruptionen, sondern auch durch gewisse strukturelle und texturelle Gesteinsbesonderheiten der magmatischen Zufuhrkanäle hervorgerufen sein kann. Eine Zonalität folgenden Typs kann abgetrennt werden:

a) Massive Laven werden ringförmig von stofflich gleichartigen Lavabrekzien umgeben.

b) Massive Laven werden ringförmig von Lavabrekzien umgeben, die Bruchstücke der Schlotwände mitgerissen haben.

c) Massive Laven werden von Tuffbrekzien oder Ignimbriten umgeben.

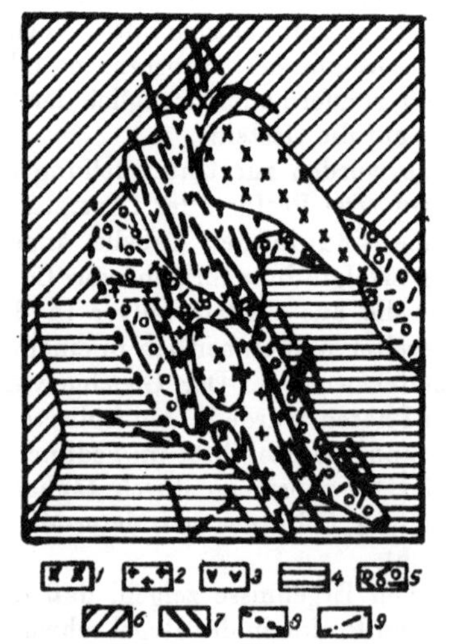

Abb. Lithologisch-fazielle Karte des Vulkans Lada

1–3 – Schlotfazies: 1 – Liparitporphyr und Dazitporphyrite mit felsitischer Grundmasse, 2 – Quarz-Plagioklas-Hornblende-Dazitporphyrit 3 – Andesitporphyrit; 4–6 – schlotnahe Fazies: 4 – Liparitporphyr und Dazitporphyrite mit felsitischer Grundmasse, 5 – kleinklastische dazitische Tuffbrekzien, 6 – grobporphyrische Quarz-Plagioklas-Hornblende-Porphyrite; 7 u. 8 – subvulkanische Fazies: 7 – Dazitporphyrite, 8 – Andesitporphyrite; 9 – tektonische Störungen

d) Grobklastische Tuffe und schollenartige Brekzien werden von massiven Laven umgeben.

e) Lavabrekzien werden von Tuffen umringt.

f) Massive Laven sind an den Schlotwänden durch hydrothermale Lösungen metamorphosiert.

g) Massive Laven werden vom Zentrum zum Rand der Schlotfazies fluidal.

Die Fluidalität hat oft eine Orientierung, die parallel dem Zufuhrkanal verläuft und mitunter eine fächerförmige Neigung zum Zentrum aufweist. Es ist auch zu berücksichtigen, daß in den Randteilen die Schlotfazies mitunter „eingebrochen" ist.

2. Die Schlotzonen können nach der zunehmenden Größe der pyroklastischen Gesteine zum Schlot und nach der Anhäufung grober unsortierter Pyroklastite mit Bomben und Bruchstücken bis zu 1 m und mehr in der Schlotfazies ausgehalten werden. Bei submarinem Vulkanismus bilden das grobe pyroklastische Material und die Bomben unter dem Einfluß der untermeerischen Ströme einen breiteren Streuungskranz um das Eruptionszentrum, wobei die Schlot- und schlotnahe Fazies miteinander verschmelzen und somit eine genaue Lage der Schlotfazies nicht mehr zu ermitteln ist.

3. Die Schlot- und schlotnahen Zonen können durch die Vergrößerung der subvulkanischen Körper fixiert werden; insbesondere ist für die kiesführende, spilitisch-dazitische Formation eine erhöhte Konzentration saurer Gesteinsgänge um die Schlotfazies charakteristisch.

4. Die Schlotzonen kleinerer parasitärer Vulkane, die nach der Caldera-Bildung großer Stratovulkane entstanden, sind räumlich oft an grobe subvulkanische Körper gebunden, die auf ring- oder bogenförmigen Bruchzonen aufdrangen und die Caldera begrenzen.

5. Da in Paläovulkanen die Schlot- und schlotnahe Zone im allgemeinen erodiert ist, so können wir bei Beachtung der Wechselverhältnisse der Gesteine in der Schlotfazies, die Stratifizierung der vulkanogenen Bildungen insgesamt erkennen. Wenn dabei die vulkanogenen Produkte um sicher festgestellte Schlotfazies verbreitet sind und eine andere Abfolge zeigen, so sind sie aller Wahrscheinlichkeit nach auch Produkte eines anderen Vulkans. Der Umfang der Tätigkeit einzelner Vulkane kann nicht nur durch Vergleich und Analyse der Gesteinsfazies, sondern auch durch Zusammenstellung spezieller Karten mit Isolinien der Mächtigkeit einzelner Schichten und Lavenströme sowie durch Anlegung (bei Vorhandensein von Bohrungen und bergmännischen Auffahrungen) von Horizontplänen mit Isopachen der einzelnen Vulkanite festgestellt werden. Diese Methoden wurden beim Studium mittelasiatischer Paläovulkane benutzt.

6. Die Schlotfazies von Vulkanen linearen Typs hat gangförmige Formen oder die Form schmal ausgezogener Linsen, die oft „Zöpfe" bilden, und ist entlang den Achsen tektonischer Strukturen orientiert.

7. In vulkanisch-tektonischen Brachyantiklinalen nimmt die Schlotfazies oftmals den zentralen Teil ein.

8. Der Schlot von Stratovulkanen liegt in der Regel an Durchkreuzungen unterschiedlich orientierter Bruchzonen. Während des Vulkanismus werden die Bruchzonen oft „ausgeheilt", aber durch geophysikalische Untersuchungen kann ihre Existenz festgestellt werden. Die Schlotfazies ist oft durch radiale Spalten zerbrochen und wird durch kreis- und halbkreisförmige Bruchzonen begrenzt. An den konvexen Seiten dieser Störungen liegen oftmals stofflich und zeitlich unterschiedliche Gesteine, weshalb auf das Auftreten einer Caldera geschlossen werden kann. Zusammen mit den Radialspalten wird in den Schlotzonen mitunter ein dichtes Netz tektonischer Störungen unterschiedlicher Richtung beobachtet. Sie entstanden während des Vulkanismus, z. B. durch Explosionen usw. (synvulkanogene disjunktive Tektonik), und sind im allgemeinen auf Aerophotographien gut feststellbar.

9. Die Schlotfazies kann bei detaillierten geophysikalischen Arbeiten als lokale Magnetanomalie fixiert sein; sie ist positiv über der Schlotfazies, wenn basische Gesteine vorliegen, und negativ, wenn die Schlotfazies aus sauren Effusiva oder ihren Pyroklastiten besteht.

Die schlotnahen Zonen zeigen nach dem Autor ebenfalls charakteristische Züge und Merkmale:

1. ring- und bogenförmige Verbreitung der Gesteine um die Eruptionszentren;

2. Vergrößerung der Mächtigkeit der Eruptionsprodukte nahe dem Schlot und ihre Verringerung bei der Entfernung vom Schlot. Besonders ist die Mächtigkeit der sauren Vulkanite und der groben unsortierten Pyroklastite mit größeren vulkanischen Bomben beachtlich groß. Kleinklastische Pyroklastite und basische Vulkanite können sich auf größere Entfernung vom Eruptionszentrum fortbewegen. Geschichtete, rhythmisch gelagerte Gesteinspakete fehlen in der Regel.

3. An die Schlotfazies schließen sich oft stofflich verschiedene Gesteine an. Eine derartige Asymmetrie in der Verteilung der vulkanogenen Produkte spricht davon, daß die Vulkane eine gerichtete Wirkung zeigten.

4. Für schlotnahe Zonen ist die breite Entwicklung von Lavabrekzien und Lavaströmen mit unebenen und fladigen Oberflächen typisch. In den Lavabrekzien werden oft „eingeschweißte" gröbere Bruchstücke und vulkanische Bomben gefunden, die auf der Oberfläche der Lavaströme lagen.

5. Die schlotnahen Zonen sind in schwach dislozierten Schichtserien mit fast horizontaler Lagerung der Gesteine in der Nähe des Schlots leicht zu kartieren. Bei einer säulenförmigen Absonderung in den Lavaströmen sind die Säulen fast immer vertikal orientiert. Mitunter sind sie konusartig zum Krater geneigt oder fächerartig orientiert. Die Effusiva können dann flache Synklinal- und kuppelartige Antiklinalfalten um die Zentralachse des Zufuhrkanals bilden. Selbst die Schlotfazies kann nach dem Verhalten der säulenförmigen Absonderung beurteilt werden, wenn die Säulen eine horizontale fächerartige Orientierung aufweisen.

6. Auf das Vorkommen schlotnaher Zonen können kreis- und halbkreisförmige Gesteinsgänge hinweisen.

7. Die schlotnahe Fazies von Vulkanen, die im wäßrigen Milieu verbreitet war, trägt oft Spuren einer rotfarbenen Umwandlung, was wahrscheinlich mit einer periodischen Hebung der Vulkanbaue über den Meeresspiegel zusammenhängt. Um die schlotnahen Zonen beobachtet man in gewisser Entfernung von den Eruptionszentren mitunter Schollen von riffogenen Kalksteinen.

8. Die Schlot- und schlotnahen Fazies sind oft intensiv metamorphosiert, verquarzt, serizitisiert, epidotisiert usw. In der Schlot- und schlotnahen Zone werden mitunter Relikte hydrothermaler Herkunft als Quarz-Hämatit-Gesteine fixiert (sekundäre Quarzite), deren Körper oft säulenartige Form besitzen. Ihre Ausbisse bilden zuweilen halbkreisartige „Zöpfe".

9. Am Kontakt mit den Schlotzonen können die Pyroklastite zusammensintern und sogar bei niedrigem Erosionsanschnitt im Relief bogenartige Wälle bilden.

Der Autor bemerkt richtig, daß die von ihm genannten Kennzeichen nur im Zusammenhang betrachtet werden dürfen. Große Schwierigkeiten bereitet die Trennung von Schlot- und schlotnahen Zonen in vulkanogenen Serien mit stofflich gleichartigen Gesteinen, besonders Diabasen und Spiliten, bei denen sich mehrere Ergüsse überlagern und periodisch Auswürfe stattfinden. Die Vielseitigkeit der auftretenden Fragen ist somit keineswegs aufgehoben, aber allein die Tatsache, daß die Geologie von Schlot- und schlotnahen Zonen die Geologie von Erzfeldern widerspiegeln kann, rechtfertigt die Notwendigkeit einer vertieften Analyse der paläovulkanischen Zentren bei der geologischen Kartierung und bei Sucharbeiten.

Die vorliegende Arbeit und andere Arbeiten im internationalen Maßstab zeigen, daß für die großen Flächen saurer und basischer Vulkanite auf dem Gebiet der DDR, die in geologischer und metallogenetischer Hinsicht noch wenig untersucht sind, ein beträchtliches Nachholebedürfnis besteht.

Buchbesprechungen

KUMMEL, B.

History of the Earth
An introduction to Historical Geology — Second edition

San Francisco: W. H. Freeman and Comp. 1970. XIX + 707 S., 500 Abb., 5.20 £

Der Verf. ist derzeitiger Präsident der Paläontologischen Gesellschaft der USA. Bei seinen Arbeiten erwarb er sich tiefe Einblicke in die stratigraphischen Verhältnisse weiter Bereiche der Erde.

Im vorliegenden Lehrbuch ist das einzelne Faktum niemals Selbstzweck. Der Befund wird zum Baustein im Gesamtbild, und die regionalen stratigraphischen Gegebenheiten münden in erdumspannende kosmopolitische Gesichtspunkte ein. Unter Berücksichtigung ihrer Eigenständigkeit vereinigen sich litho- und biostratigraphische, paläogeographische und tektonische Aspekte zu einer physiko-biologischen Synthese der Erdgeschichte.

Das Buch erschien 1961 in 1. Auflage. In der nunmehr vorliegenden 2. Auflage wurde die Gliederung in 15 Kapitel, zwei Anhänge und Register beibehalten. Das Buch ist jedoch nicht nur im Umfang von 610 auf 707 Seiten und von 462 auf 500 Abbildungen beträchtlich erweitert, sondern auch sein Inhalt ist wesentlich überarbeitet worden. 100 Abbildungen wurden neu gezeichnet. Gerade im letzten Jahrzehnt haben ausgedehnte Untersuchungen die Kenntnisse über vorher nur wenig bekannte Gebiete wie die Antarktis, Südamerika, den Mittleren Osten, den Himalaya, China, Japan, Australien, Afrika und Sibirien außerordentlich erweitert. Ihre Ergebnisse konnten bei der Vorbereitung der 2. Auflage berücksichtigt werden; mehrere Abschnitte sind eingefügt, und viele Kapitel wurden völlig neu geschrieben. Literaturhinweise sind den einzelnen Kapiteln beigegeben.

Kap. 1 (S. 1 bis 21): Die Einführung macht mit den Grundvorstellungen der historischen Geologie bekannt, diskutiert die geologische Säule, die geologische Zeitskala und schließt mit einer radiometrischen Skala. Kap. 2 (S. 23 bis 62): Die fossile Urkunde behandelt die Mannigfaltigkeit des Lebens, die Fossilisation, die Bedeutung der Fossilien, die Lebewelt im Präkambrium sowie das Auftreten der Fossilien. Kap. 3 (S. 63 bis 84): Die Sedimentgesteine — Einteilungen: klastische und nichtklastische Sedimente; stratigraphische Beziehungen der sedimentären Formationen; die sedimentäre Fazies; Beziehungen von Gesteinseinheiten; die Sedimente der Kontinente; das tektonische Gesamtbild der Erde. Kap. 4 (S. 85 bis 117): Das Präkambrium im Kanadischen, Südamerikanischen, Baltischen, Äthiopischen, Indischen, Australischen, Angara- und Antarktischen Schild. Kap. 5 (S. 119 bis 165): Das Paläozoikum I in Nordamerika. Kap. 6 (S. 167 bis 220): Das Paläozoikum II außerhalb Nordamerikas, in Europa, Asien, im SW-Pazifik, in der Antarktis sowie in Südamerika. Eine Zusammenfassung gibt einen Rückblick auf die 375 Mill. Jahre. Kap. 7 (S. 221 bis 259): Das Leben im Paläozoikum. Kap. 8 (S. 261 bis 291): Mesozoikum I, Trias bis Kreide in Nordamerika. Kap. 9 (S. 293 bis 338): Mesozoikum außerhalb Nordamerikas. Die Hauptverbreitungsgebiete werden in zehn Abschnitten behandelt, an die sich eine Zusammenfassung anschließt. Kap. 10 (S. 339 bis 382): Die Lebewelt des Mesozoikums. Kap. 11 (S. 383 bis 413): Die Gondwana-Formation von Indien, Südafrika, Madagaskar, Südamerika, den Falkland-Inseln und der Antarktis wird beschrieben. Die regionale Verteilung der Flora und Wirbeltierfauna der Gondwana-Formation führt zu paläogeographischen Schlußfolgerungen. Kap. 12 (S. 415 bis 445): Das Känozoikum I in Nordamerika in 13 einzelnen Provinzen. Kap. 13 (S. 447 bis 498): Das Känozoikum außerhalb Nordamerikas verfolgt die Entwicklung in 15 Gebieten und bringt in einer Zusammenfassung einen Überblick über die letzten 70 Mill. Jahre. Kap. 14 (S. 499 bis 540): Känozoisches Leben. Kap. 15 (S. 541 bis 586): Das Pleistozän. Es schließt mit einem Epilog ab.

Anhang I (S. 587 bis 627): Einführung in die Tier- und Pflanzenwelt mit systematischer Übersicht und kurzer Charakterisierung. Anhang II (S. 629 bis 687): Korrelationstafeln. Auf 23 Tafelpaaren werden die Schichtenfolgen vom Kambrium bis Känozoikum korreliert. Jeweils eine Tafel stellt die Ausbildung in Nordamerika, ihr Pendant in der übrigen Welt dar. Die Benutzung der Tafeln wird durch ein spezielles Stichwortverzeichnis (S. 676 bis 687) erleichtert. Das Register (S. 689 bis 707) ist sehr ausführlich gehalten.

Dem Verf. ist es gelungen, die Leitlinien der physikalischen und biologischen Entwicklung im Verlauf der Erdgeschichte aufzuzeigen. Die Abbildungen sind teils eindrucksvolle Bildwiedergaben, teils Zeichnungen. Die gute Ausstattung des Buches läßt auch nichts zu wünschen übrig. Dieses Hochschullehrbuch ist für Studierende der Geologie geschrieben, bietet sich aber auch dem Lehrenden als brauchbare zusammenfassende Quellenübersicht dar. Doch selbst fernerstehenden naturwissenschaftlichen Interessenten kann die Beschäftigung mit diesem gediegenen Buche reiche Anregungen vermitteln. K. DETTE

Paläogeographischer Atlas der Unterkreide von Nordwestdeutschland mit einer Übersichtsdarstellung des nördlichen Mitteleuropa. Mit Erläuterungen

Unter Leitung von W. SCHOTT; bearbeitet von W. JARITZ, F. KOCKEL, C. W. SAMES, U. v. STACKELBERG, J. STETS & D. STOPPEL, unter Mitarbeit von R. BALDSCHUHN & K.-D. KRAMPE

Herausgegeben von der Bundesanstalt für Bodenforschung, Hannover 1969

Im vorliegenden Kartenwerk werden 289 Karten im Maßstab 1:200000, 10 Karten und ein Deckblatt im Maßstab 1:500000 und eine stratigraphische Tabelle vorgelegt. Die Erläuterungen zu diesen Karten umfassen 315 Seiten.

Dieses Kartenwerk liegt als erstes seiner Art in einer so umfassenden Darstellung für eine stratigraphische Einheit vor. Als Unterlagenmaterial wurden Schichtenverzeichnisse und Bohrlochmessungen sämtlicher in Nordwestdeutschland auf Erdöl, Erdgas, Eisenerz, Salze, Schwefel, Kohle und Wasser niedergebrachter Bohrungen (ca. 10000), soweit sie Unterkreide antrafen oder Aussagen über den präkretazischen Untergrund vermitteln konnten, sowie reflexionsseismische Untersuchungen und Unterlagen über Tagesaufschlüsse verwendet.

Anlaß der Kartenausgabe war die Tatsache, daß die Unterkreide im Zusammenhang mit der Erkundung auf Erdöl/Erdgas sowie der Eisenerze von besonderem Interesse ist. Somit ist die Auswertung der Fülle vorliegender geologischer Daten über die Unterkreide nicht nur vom „rein wissenschaftlichen", sondern besonders auch vom ökonomischen Standpunkt aus zu sehen.

Karten 1:200000. Je Gebietseinheit wurden folgende Karten dargestellt:

1. paläogeographische Karten für jede Unterkreidestufe: Wealden, Valendis, Hauterive, Barrême, Apt, Alb;
2. spezielle Mächtigkeitskarten für die zusammengefaßten stratigraphischen Bereiche Neokom (Valendis bis Apt) und Valendis bis Alb;
3. paläogeologische Karten für Basis Wealden, Basis Neokom, Basis Alb.

Bei den paläogeographischen Karten wurden je Gebietseinheit in den meisten Fällen zwei Karten pro Stufe vorgelegt, und zwar eine reine Isopachenkarte mit Mächtigkeitsangaben der Bohrungen und eine Fazieskarte mit Einzelheiten der petrographischen Ausbildung, in die die Isopachenlinien ebenfalls eingetragen sind. Lediglich in den Fällen, in denen im jeweiligen Kartenbereich nur wenige Aufschlüsse vorliegen, wurden Isopachen und Petrographie in einer Karte zusammengefaßt dargestellt. In den Fazieskarten geben neben der flächenhaften Verbreitung der petrographischen Ausbildung einige ausgewählte Säulenprofile in den Maßstäben 1:4000 und 1:8000, denen zumeist die Eigenpotential- und Widerstandskurven der elektrischen Bohrlochmessung beigefügt sind, die lithologische Abfolge der dargestellten Einheit wieder.

Wie auch in den Erläuterungen gesagt wird, stellen die Karten 1:200000 in erster Linie den Stand der derzeitigen

Kenntnisse dar; es gelangt jedoch nur die petrographische Ausbildung zur Darstellung, während z. B. die für eine Fazieskarte wichtigen biofaziellen und geochemischen Befunde keine Berücksichtigung fanden, sondern nur in den Erläuterungen hin und wieder erwähnt werden.

Für die flächenhafte Darstellung der Petrographie, die je nach Aufschlußdichte mehr oder weniger vollständig das jeweilige Kartenblatt ausfüllt, wurde die einfache Gemischtsignatur gewählt, d. h., die prozentualen Anteile der beteiligten Gesteine des Gesamtprofils werden symbolisch nebeneinander dargestellt. Nachteilig wirkt sich diese Darstellungsweise bei Gesteinswechsel in der Vertikalen aus. Die wenigen auf den Einzelkarten eingetragenen Säulenprofile, die die vertikale Abfolge erkennen lassen, reichen zumeist nicht aus, den gebietsweise häufig schnellen Wechsel im Profilaufbau zu dokumentieren.

In den Isopachenkarten wurde die Darstellung der primären Mächtigkeiten angestrebt, wobei die nachträglich abgetragenen Teile der betreffenden Stufe, soweit möglich, durch Extrapolation ergänzt wurden. Die speziellen Mächtigkeitskarten für die zusammengefaßten stratigraphischen Bereiche zeigen dagegen teilweise die unter dem Alb angetroffenen sekundären Mächtigkeiten.

Bei den paläogeologischen Karten handelt es sich bei der Darstellung des Liegenden innerhalb des Sedimentationsbereichs der betreffenden Stufe um abgedeckte Karten, während außerhalb dieses Bereichs in den primären Abtragungsgebieten die ehemaligen an der Oberfläche anstehenden stratigraphischen Einheiten rekonstruiert wurden.

Die Karten im Maßstab 1:500000 stellen thematisch im wesentlichen das gleiche dar wie die Karten im Maßstab 1:200000. Durch den Maßstab bedingt, ergibt sich jedoch eine gewisse Generalisierung gegenüber den großmaßstäblichen Karten. Zusätzlich wird als durchsichtiges Deckblatt die Lage der Salzstrukturen beigegeben. Sie zeigt unabhängig vom stratigraphischen Niveau die heutige maximale Ausdehnung sämtlicher Salzkissen und Salzstöcke.

Die Aufgabe der Karten im Maßstab 1:1500000 besteht darin, die regionalen Zusammenhänge der einzelnen Teile des während der Unterkreide bestehenden Epikontinentalbeckens im nördlichen Mitteleuropa aufzuzeigen. Bei der vor allem auf der Auswertung der Literatur beruhenden Darstellung ergab sich die Notwendigkeit, andere stratigraphische Einheiten zugrunde zu legen als in den Karten 1:200000 und 1:500000: „Wealden" (bzw. Untervalendis), Valendis (d. h. Mittelvalendis) bis Hauterive, Barrême bis Apt und Alb. Wegen der geringen Dokumentationsdichte konnten die Mächtigkeiten auf diesen Karten im allgemeinen nicht durch Isopachen dargestellt werden.

Den speziellen Erläuterungen zu den einzelnen Karten ist eine stratigraphische Einführung vorangestellt, in der neben den Gliederungsprinzipien der Unterkreide Nordwestdeutschlands auch kurz die Stratigraphie derjenigen ausländischen Gebiete berücksichtigt ist, die auf den Übersichtskarten des nördlichen Mitteleuropas dargestellt werden.

Ausführliche Erläuterungen zu den Karten 1:200000, 1:500000 sowie 1:1500000 bieten eine sehr gute Übersicht über jede einzelne stratigraphische Einheit, wobei eine Untergliederung nach paläogeographischen Elementen vorgenommen wird.

Die Erläuterungen enthalten jeweils eine Zusammenfassung in englischer, französischer und russischer Sprache sowie ein 115 Seiten umfassendes Literaturverzeichnis.

I. Diener

Lorenz, H.

Trassierung und Gestaltung von Straßen und Autobahnen

Wiesbaden und Westberlin: Bauverlag GmbH 1971. 440 S., 965 Abb., 101 Tab., Halbgewebeband 135,— DM

Man kann dem Autor zustimmen, wenn er im Vorwort schreibt, daß das Buch über neue Gebiete berichtet und Querverbindungen zwischen allen einschlägigen Fachgebieten herstellt. Das Werk spricht einen breiten Kreis von Fachleuten an, vermittelt viele Grundlagen und erleichtert Verständigung und Zusammenarbeit zwischen Ingenieuren verschiedener Fachbereiche. Das Literaturverzeichnis ist ausführlich, das Buch so angelegt, daß der Leser bei jedem Problem auf die einschlägigen Literaturbeiträge und Vorschriften aufmerksam gemacht wird.

Der an der Erkundung oder Projektierung der Trasse sowie am Bau und an der Unterhaltung der Straße bzw. Autobahn beteiligte Fachmann erhält in dem vorliegenden Werk eine gute und detaillierte Darstellung der Gestaltung und landschaftlichen Eingliederung von Straßen und Autobahnen sowie Dokumentationen von Trassierungsbeispielen, der Trassierungsstatistik, der Baustatistik und der Ingenieurbiologie in Verbindung mit dem Erdbau.

Das Buch gliedert sich in fünf Hauptabschnitte: 1. Geometrie der Linienführung (57 S.); 2. Dynamik des Fahrens (34 S.); 3. Optik der Straße (81 S.); 4. Gestaltung, Erdbau, Bepflanzung (171 S.); 5. Die Trasse (30 S.). Den mit reichlichen und guten Bildern versehenen Hauptabschnitten folgen in gleicher Qualität je ein Abschnitt mit Trassierungsbeispielen (20 S.) und Tabellen und Anlagen (8 S.). Das Literaturverzeichnis ist ausführlich (508 Titel, geordnet nach Sachgebieten). Den Schluß bilden ein Verfasser- und ein Stichwortverzeichnis.

Für den Ingenieurgeologen bzw. Geotechniker ist besonders der Hauptabschnitt „Gestaltung, Erdbau, Bepflanzung" von Interesse. Der Autor, aus der Literatur seit Jahrzehnten als Verfasser einschlägiger Aufsätze bekannt, hat hier sehr viel zusammengetragen, ausgewertet und verallgemeinert, was in den letzten Jahrzehnten an Beiträgen auf dem Gebiet der Ingenieurbiologie und Landschaftsgestaltung, insbesondere im Zusammenhang mit dem Verkehrsbau, erschienen ist. Die Vielfalt der behandelten Themen gestattet nicht, in diesem Rahmen eingehender darauf einzugehen. Als Stichworte seien hier genannt: Ermittlung der Bodenformen, Trassierung und Mikroklima, Querschnittsgestaltung und Anpassung an das Gelände, Begrünung mittels verschiedener Verfahren, Raumgestaltung von Rastanlagen, Seitenentnahmen und ihre abschließende landschaftliche Eingliederung, Massenbilanz, Vorflut, Natur-/Landschaftsschutz, Wildschutz, Wind-/Schneeschutz u. a. m.

Trotz der Vielseitigkeit und der umfassenden Behandlung des Arbeitsgegenstands in diesen Abschnitten beschränkt sich der Autor jeweils auf das Wesentliche, das übersichtlich geordnet und anhand des Inhaltsverzeichnisses leicht aufzufinden ist.

Die Landschaftsgestaltung (vor allem auch im Zusammenhang mit dem Bauwesen), die in vielen Staaten gesetzlich geregelt ist (z. B. Landeskulturgesetz der DDR), wird in zunehmendem Maße auch den Geologen und speziell den Ingenieurgeologen und Geotechniker interessieren müssen. Das vorliegende Buch ist geeignet, um sich das nötige Grundwissen anzueignen.

F. Reuter

Prescher, H. (Herausgeber)

Abhandlungen des Staatlichen Museums für Mineralogie und Geologie zu Dresden. Band 13

Dresden: Verlag Theodor Steinkopff 1969. 150 S., 21 Abb., 69 Fig. auf 4 Taf., 18 Anl. in Mappe, 30,— M

Die Abhandlungen des Staatlichen Museums für Mineralogie und Geologie zu Dresden gehören zu den geowissenschaftlichen Zeitschriften, die im allgemeinen thematisch recht unterschiedliche Arbeiten enthalten, die einmal speziell den Mineralogen und Petrographen, ein anderes Mal mehr den Paläontologen, den Lagerstättenfachmann oder den Bodenkundler ansprechen. Dieses Prinzip der Vielgestaltigkeit und Variabilität wurde auch im vorliegenden Bd. 13 beibehalten. Bedeutendster Beitrag dieser Ausgabe ist der zweite Teil der Arbeit K. A. Trögers „Zur Paläontologie, Biostratigraphie und faziellen Ausbildung der unteren Oberkreide (Cenoman bis Turon)", der sich insbesondere mit der Stratigraphie und Fazies der cenomanen und turonen Schichtenfolgen in Sachsen, dem nördlichen Harzvorland (subherzyne Kreide) und dem Ohmgebirge befaßt. Sehr eingehend werden vor allem — in Verbindung mit ausführlichen Faunenlisten — die biostratigraphischen Grundlagen beschrieben. Darauf aufbauend erfolgt eine Diskussion der lithologisch-faziellen Verhältnisse und der aus diesen abgeleiteten paläogeographischen Situation. Besonders interessant sind schließlich die Schlußfolgerungen über die Zusammenhänge zwischen Sedimentation und Tektonik, d. h. der Nachweis einer an alte Störungssysteme gebundenen und durch diese charakterisierten Anlage und Ausgestaltung des Ablagerungsraums. Ein umfangreicher Anlagenteil mit zahlreichen Profilserien, Fazieskarten und anderen graphischen Unterlagen ist in einer gesonderten Umschlagmappe beigegeben.

Der Arbeit von TRÖGER schließt sich eine vorläufige Mitteilung von D.-H. MAI & H. WALTHER über eine neue Tertiärflora im Braunkohlentagebau Haselbach bei Altenburg an. Über neotektonische Bewegungen im Radebeuler Elbtal (störungsgebundene Verschiebungen von Teilschollen um 2 mm/a) berichtet K. HUHLE. Die Ergebnisse der im Auftrag des Instituts für Denkmalspflege, Dresden, durchgeführten Untersuchungen in der ehemals kurfürstlichen Begräbniskapelle im Dom zu Freiberg beschreiben D. BEEGER & H. PRESCHER. In Fortsetzung der bereits im Jb. Staatl. Mus. Mineral. Geol. 1962 von H.-J. FIEDLER & H. SCHMIEDEL begonnenen Reihe über die Böden des Tharandt-Grillenburger Waldes ist im Bd. 13 nunmehr der von S. LENTSCHIG & H.-J. FIEDLER verfaßte Teil IV über die chemischen und mineralogischen Untersuchungen an Phyllitböden enthalten. Den Abschluß bildet ein geologiegeschichtlicher, für paläontologische Revisionsarbeiten an den sächsischen Kreidefaunen wichtiger Beitrag von H. PRESCHER über die Entstehung des GEINITZschen Werkes „Das Elbthalgebirge in Sachsen" (1871 bis 1875).

D. FRANKE

EMERY, K. O.

A Coastal Pond Studied by Oceanographic Methods

American Elsevier Publishing Company, Inc., New York 1969, 80 S., 41 Abb., 9 Tab.

Der Autor, der zu den führenden US-amerikanischen Meeresgeologen gehört und in leitender Stellung am ozeanographischen „Woods Hole"-Institut tätig ist, legt mit dieser Arbeit eine interessante Studie vor. Sie zeigt, wie ozeanographische Untersuchungsmethoden zur komplexen Erforschung eines Objekts kombiniert werden müssen. Als Beispiel dient ein kleiner Strandsee an der Atlantikküste der USA, der „Austern-See". Er entstand durch Abschmelzen eines Toteisblocks vor etwa 14000 Jahren, war zunächst mit Süßwasser gefüllt, bekam später Verbindung mit dem offenen Meer, bildete längere Zeit eine Bucht und wurde schließlich durch einen Sandwall wieder vom Meer getrennt. Besonderes Interesse erweckte der kleine See dadurch, daß sich im tieferen Teil ein Wasserkörper mit höherer Salinität gehalten hat, von dem wesentliche Einflüsse insbesondere hinsichtlich der biologischen Entwicklung ausgehen.

In den Kapiteln „Sedimente", „Wasser" und „Leben" wird anschaulich gezeigt, wie sich durch Kombination von geophysikalischen, sedimentologischen, hydrogeologischen, hydrochemischen, biologischen und biochemischen Untersuchungen ein vollständiges Bild über die Entwicklungsgeschichte des Sees gewinnen läßt. Aus der Verbindung von pollenanalytischen Untersuchungen mit absoluten Altersbestimmungen an Kohlenstoffisotopen läßt sich ableiten, daß der südliche Teil des Sees vor 3000 Jahren und der nördliche vor 2200 Jahren vom Meer überflutet wurden. Danach begann die Blütezeit der Austern, bis sie vor etwa 200 Jahren infolge der zunehmenden Aussüßung des Seewassers verschwanden.

Die Wasserbilanz des Sees zeigt, daß aus ihm ständig Wasser in das offene Meer abgegeben wird. Täglich fließen durchschnittlich 3100 m^3 Wasser in den Ozean aus, das entspricht einem Abfluß von 4 m^3 Grundwasser je Tag und je Meter Küstenlinie. In niederschlagsarmen Jahren geht diese Menge stark zurück, so daß sich dann der Austritt von Wasser aus dem See verringert und infolge erhöhten Zustroms von Meerwasser bei Flut die Salinität bis aufs Doppelte ansteigen kann.

Interessant sind Untersuchungen zur Bildung von organischem Kohlenstoff. Eine reiche Flora an planktonischen Algen liefert 400 mg Kohlenstoff je m^2 und Jahr, von dem 80% zu CO_2 oxydiert werden, während 10% mit dem abfließenden Wasser verlorengehen und sich weitere 10% im Bodensediment anreichern. Der Gehalt dieser Sedimente an organischer Substanz wird ausführlich untersucht.

Der Wert des Buches besteht vor allem darin, daß es deutlich macht, wie auch ein kleiner See als Testobjekt für ozeanographische Untersuchungsmethoden der verschiedensten Art dienen kann.

H. HETZER

Neuerscheinungen und Literaturhinweise

USPENSKI, W. A.

Einführung in die Erdölgeochemie
Moskau: Verl. Nedra 1970. 307 S., 34 Lit.

SHUKOWSKI, W. P., & A. S. PETROW

Neue Methoden technologischer Berechnungen in der Aufbereitung
Moskau: Verl. Nedra 1969. 263 S., 21 Lit.

ARABADSHI, M. S., u. a.

Erfahrungen mit der Anwendung mathematischer Methoden in der Geologie
Moskau: Verl. Nedra 1969. 191 S., 97 Abb., 3 S. Lit.

BORSUNOW, W. M.

Die Nichterzlagerstätten, ihre Erkundung und industrielle Bewertung
Moskau: Verl. Nedra 1969. 334 S., 10 S. Lit.

BARSKI, L. A., & J. B. RUBINSTEIN

Kybernetische Methoden bei der Aufbereitung von Bodenschätzen
Moskau: Verl. Nedra 1970. 312 S., Abb.

...

Erkundungsgeophysik (37. Folge)
Moskau: Verl. Nedra 1970. 144 S., Abb.

FRIDMAN, A. I.

Die natürlichen Gase der Erzlagerstätten
Moskau: Verl. Nedra 1970. 192 S., 21 Abb., 7 Tab., 136 Lit.

GUDOK, N. S.

Die Untersuchung physikalischer Eigenschaften von porösen Medien
Moskau: Verl. Nedra 1970. 204 S., 150 Lit.

...

Handbuch der tektonischen Terminologie
Moskau: Verl. Nedra 1970. 581 S., 987 Lit.

KATJAKIN, A. E.

Die Strukturen der Erzfelder von magmatischen Lagerstätten
Moskau: Verl. Nedra 1970. 174 S., 56 Abb., 141 Lit.

KOCH, G. S., & R. F. LINK

Statistical analysis of geological data
New York (usw.): Verl. Wiley 1970. 375 S., getr. Lit.

LOMTADSE, W. D.

Ingenieurgeologie. Ingenieurpetrologie
Leningrad: Verl. Nedra 1970. 526 S.

LUBENEZ, G. K., & W. S. POSJADA

Der Bau von unterirdischen Anlagen
Kiew: Verl. Budiwelnik 1970. 417 S., 25 Lit.

POTSCHEKUTOWA, E. A.

Die Erdölvorräte der Welt
Moskau: Verl. Nedra 1970. 116 S., 9 Abb., 47 Tab., 89 Lit.

SOLOKOW, W. A.

Erdöl
Moskau: Verl. Nedra 1970. 382 S., 33 Lit.

Zeitschrift für angewandte Geologie, Bd. 17 (1971), Heft 11

Informationen

Welterdölproduktion 1970

Die Welterdölförderung im Jahre 1970 ist um weitere rd. 200 Mill. t gegenüber 1969 auf 2,3 Mrd. t gestiegen. Das entspricht einer Jahreszuwachsrate von 9,5%, während der Zuwachs von 1968 auf 1969 noch bei 10,6% lag. Dabei muß jedoch berücksichtigt werden, daß die Zuwachsrate im Jahre 1969, bedingt durch sprunghaften Anstieg der Förderung in Nigeria, Libyen, Indonesien und der VAR, relativ hoch lag, wesentlich über dem langjährigen Mittelwert von 6 bis 7% jährlich.

Von den 2,3 Mrd. t Förderung des Jahres 1970 entfielen allein 83%, das sind rd. 1,9 Mrd. t, auf die zehn führenden Erdölländer. In ihnen zeigte sich folgende Entwicklung (in Mill. t):

	1969	1970	Zuwachs in %
USA	510,0	534,0	+ 4,8
UdSSR	328,8	353,0	+ 7,0
Venezuela	187,0	193,0	+ 3,1
Iran	167,6	190,0	+ 13,0
Saudi-Arabien	148,3	175,5	+ 18,0
Libyen	150,0	159,0	+ 6,0
Kuweit	129,0	138,0	+ 7,0
Irak	74,7	75,6	+ 1,5
Kanada	63,0	69,5	+ 10,0
Nigeria	26,0	53,0	+105,0

In der UdSSR setzte sich die seit langem beständige Entwicklung der Erdölförderung weiter fort, die jährliche Zuwachsrate ist um 0,5% absolut gestiegen. Mit der Erschließung neuer Erdöllagerstätten in bekannten und neuen Erdölrevieren sind die Voraussetzungen gegeben, um die in der Direktive des XXIV. Parteitags der KPdSU gestellte Aufgabe, 1975 eine Jahresförderung von 480 bis 500 Mill. t zu erbringen, einzuhalten.

In den USA zeigte sich 1970 ein deutlicher Anstieg des jährlichen Zuwachses gegenüber 1969 von 1,4 auf 4,8%. Hier machen sich die von einigen arabischen Ländern getroffenen Förderbeschränkungen für US-amerikanische Erdölgesellschaften bemerkbar, durch die die USA gezwungen wurden, stärker als bisher die einheimischen Ressourcen anzugreifen.

In den arabischen Ländern ist eine sehr unterschiedliche Entwicklung zu beobachten. Die drastischen Förderbeschränkungen, die die libysche Regierung über alle ausländischen Gesellschaften verhängte, zielen deutlich darauf ab, keinen Raubbau an den vorhandenen reichen Erdöllagerstätten zuzulassen, sondern sie langfristig für den Aufbau der nationalen Wirtschaft zu nutzen. Diese Frage spielte bereits auf dem Arabischen Erdölkongreß 1967 in Bagdad eine wesentliche Rolle in der Diskussion zwischen den arabischen Ländern und den Vertretern der großen kapitalistischen Erdölgesellschaften. Die jetzige Zuwachsrate von 6% liegt noch etwas unter dem Weltdurchschnitt, sichert aber eine kontinuierliche und effektive Ausbeutung der Erdöllagerstätten.

Der kräftige Anstieg der Zuwachsrate in Saudi-Arabien von 5 auf 18% macht deutlich, daß die Konzerne trotz des Ausfalls der transarabischen Erdölleitung stärker auf die Ressourcen dieses Landes zurückgegriffen haben.

Im Irak zeigt sich auch weiterhin keine Entwicklung der jährlichen Förderhöhe, da die Förderung auf die bekannten Lagerstätten von Kirkuk und Rumaila-Süd beschränkt blieb, die sich noch in den Händen der kapitalistischen Iraq-Petroleum-Company (IPC) befinden. Die Anstrengungen zum Aufbau einer eigenen nationalen Erdölgesellschaft sind in der Förderung noch nicht wirksam, da die neuen Erdöllagerstätten erst erschlossen werden müssen.

In anderen arabischen Staaten ergibt sich nachstehendes Bild für den Anstieg der Erdölförderung (in Mill. t).

Herausragend ist weiter die Entwicklung in der VAR, wo bereits 1969 die durch die israelische Aggression eingetretenen Verluste in der Erdölförderung mehr als ausgeglichen waren und auch 1970 ein bemerkenswerter Anstieg zu beobachten ist. Beteiligt sind daran insbesondere die Lagerstätten im südlichen Teil des Golfs von Suez und in der westlichen Wüste, die 1970 weiter erschlossen werden konnten und eine stabile Basis für die langfristige Sicherung der Erdölförderung bilden.

	1969	1970	in % zum Vorjahr
Abu Dhabi	28,8	32,8	+37,0
Neutrale Zone	23,5	27,0	+15,0
VAR	14,0	19,0	+36,0
Qatar	17,1	17,0	
Oman	16,1	16,4	+ 1,8

Das Ende des Jahres 1970 und der Anfang des Jahres 1971 standen im Zeichen von Auseinandersetzungen zwischen den in der OPEC (Organisation of Petroleum Exporting Countries) zusammengeschlossenen Ländern, insbesondere der arabischen Staaten sowie des Irans, und den kapitalistischen Erdölgesellschaften. Anlaß dafür war die Forderung einer Reihe von Ländern, bei denen Erdöl das Hauptausfuhrprodukt bildet, wie Libyen, Algerien, Iran, Irak und weitere Länder am Arabischen Golf, nach einer Heraufsetzung des Preises für das auf ihren Territorien geförderte und von den Erdölgesellschaften mit hohem Gewinn verkaufte Erdöl. Damit wurde eine Entwicklung eingeleitet, die sich schon lange in Diskussion befand, aber wegen Meinungsverschiedenheiten der OPEC-Länder nicht einheitlich durchgesetzt werden konnte. Jetzt sind erste Voraussetzungen geschaffen, einen größeren Teil des Jahr für Jahr in die Hände der kapitalistischen Erdölgesellschaften gelangenden Nationalreichtums dieser Entwicklungsländer im Lande zu belassen und für die Errichtung nationaler Industrien sowie für die Entwicklung der Infrastruktur zu verwenden.

Insbesondere Libyen und Algerien haben dabei deutlich gemacht, daß sie gewillt sind, den Spielraum der Ölmonopole drastisch einzuschränken.

Der Anstieg der Förderung in Nigeria setzte sich weiter stark fort. Das ursprünglich für 1970 mit 40 Mill. t gegebene Ziel wurde mit einer Förderung von rd. 53 Mill. t weit übertroffen. Es zeichnet sich hier eine ähnlich starke Aktivität der kapitalistischen Konzerne ab wie bisher in Libyen. Wenn die nigerianische Regierung auch z. Zt. beträchtliche Mittel für die Beseitigung der durch den Bürgerkrieg eingetretenen Verwüstungen benötigt, wird sie doch in absehbarer Zeit Beschränkungen treffen müssen, um eine zu schnelle und damit unvollständige Ausbeutung der im Land und vor der Küste vorhandenen großen Erdöllagerstätten zu vermeiden.

Ein Anhalten des bereits seit 1967 kontinuierlichen Aufschwungs in der Förderung zeigte sich auch in Indonesien, wo die Erdölgewinnung im Jahre 1970 auf rd. 45 Mill. t angestiegen ist. Gleichzeitig rückte der gesamte südostasiatische Raum stark in den Vordergrund des Interesses der großen Erdölgesellschaften, da nach Einschätzungen der Wirtschaftskommission der UNO für Asien und den Fernen Osten im gesamten Raum zwischen Korea und Thailand mit größeren Erdöllagerstätten im Meer gerechnet werden könne. Die Aktivitäten konzentrieren sich dabei insbesondere auf die Küstengewässer und Schelfgebiete Indonesiens, Malaysias, Kambodschas, Thailands und Südvietnams. Die Hartnäckigkeit, mit der die USA ihren aussichtslosen Krieg in Indochina führen, erscheint damit auch in einem neuen Licht.

Für Schlagzeilen sorgten 1970 weiter Nordalaska, in dem nach Pressemeldungen Erdöllagerstätten beträchtlichen Umfangs erkundet werden, sowie die Nordsee, in der im norwegischen Anteil auf der Lokation „Ekofisk" im Tertiär eine große, nach bisherigen Meldungen wahrscheinlich alle „europäischen" Vorstellungen übertreffende Erdöllagerstätte angetroffen wurde. Damit haben die Sucharbeiten, die nach den Mißerfolgen im westdeutschen Anteil der Nordsee zunächst eingeschränkt worden waren, erneuten Auftrieb erhalten.

Im mittel- und südamerikanischen Raum haben Mexiko und Argentinien die Spitzenposition. Sie konnten ihre Förderung 1970 auf 23 bzw. 20 Mill. t steigern. H. HETZER

Untertagegasspeicher in Westdeutschland

In Westdeutschland standen Ende 1969 für die Lagerung von Kokereigas, Raffineriegas oder Erdgas sieben Untertageporenspeicher mit einer Speicherkapazität von rd. 2 Mrd. m³ zur Verfügung, von denen sich zwei (Stockstadt und Weitermühle) noch in der Erprobung befinden. Neu in Betrieb genommen wurde der Speicher Pliening der Stadtwerke München.

UGS	Eingepreßt	Entnommen	Kapazität
Reitbrook	12,3	13,6	200
Engelbostel	40,7	55,2	200
Hähnlein	52,0	66,0	200
Stockstadt	23,0	–	270
Eschenfelden	76,8	1,0	300
Pliening	8,0	–	50
Weitermühle	1,7	–	670
Gesamt	214,5	135,8	1890

Lagerstätten mineralischer Rohstoffe in Nordostthailand

58 Minerallagerstätten (Cu, Pb/Zn, Fe, Mn, Au, Kalk, Baryt, Gips und Salz) wurden in letzter Zeit geologisch, geophysikalisch, geochemisch sowie mit Bohrungen und Probeschürfen untersucht. Der Großteil von ihnen liegt im Loei-Chiengkarn-Bereich Nordostthailands (an der Grenze zu Laos).

Die Schwermetallagerstätten sind an vulkanische und karbonatische Serien gebunden. Bei zwei Kupferlagerstätten (Imprägnationserze) wurden sichere Reserven in Höhe von 16 Mill. t bei 1% Cu und mögliche Reserven von 62 Mill. t nachgewiesen.

Die Eisenerzlagerstätten sind metasomatisch und liegen an den Kontakten von Granodioriten mit sedimentären und vulkanischen Gesteinen. 27 Mill. t Vorräte zu 52% Fe wurden allein in zwei Projekten nachgewiesen. Zwölf Mangan- und zwei Goldlagerstätten zeigten sich als zu klein oder geringprozentig. Vorräte von 5,5 Mill. t Baryt, 0,5 Mill. t Gips, 12 Mill. t Kalk und 2 Mill. t Salz konnten festgestellt werden.

Mangan auf dem Meeresboden

Die Untersuchung der Manganknollen in verschiedenen Teilen von Ozeanböden nimmt im Rahmen der Meeresgeologie derzeit eine bevorzugte Stellung ein. Mit dem Bekanntwerden dieser Erscheinung wurden mehrere Hypothesen über ihre Genese aufgestellt, Ansichten, die einander oft widersprechen. Auch mineralogisch ist dieses Problem interessant geworden, weil man erwartet, bisher unbekannte Manganverbindungen zu entdecken.

Nach bisherigen Feststellungen handelt es sich bei den gewöhnlichen Manganknollen um Mineralassoziationen, die dem Todorokit und Birnessit entsprechen. Nach eingehenden Untersuchungen von CRONAN weisen diese Mineralien nachstehende chemische Zusammensetzungen auf:

	Todorokit	Birnessit
Mn	19,53	15,30
Fe	9,07	13,78
Ni	0,985	0,390
Co	0,172	0,790
Cu	0,562	0,107
Pb	0,033	0,115
Ba	0,193	0,221
Mo	0,046	0,038
V	0,042	0,055
Cr	0,0010	0,0007
Ti	0,403	0,943

Kies aus der Ostsee für das Stadtzentrum von Rostock

Als Rohstoffbasis für die Bauwirtschaft gewinnt Meereskies aus der Ostsee, der gute Baueigenschaften aufweist, zunehmende Bedeutung. Als erster Betrieb beauftragte jetzt das Rostocker Tiefbaukombinat die Bagger-, Bugsier- und Bergungsreederei, 75000 Kubikmeter Kies vom Grund der Ostsee an Land zu spülen. Er wird beim weiteren Ausbau des Stadtzentrums der nördlichsten Bezirksstadt und für den Straßenbau verwendet.

Experten der Reederei tragen sich mit dem Gedanken, auch Mutterboden aus der See zu gewinnen und ihn auf Ödlandflächen entlang der Küste anzuspülen, um dieses Brachland landwirtschaftlich nutzen zu können.

Im vergangenen Jahr wurden bereits rund 250000 m³ Sand am Strand von Graal-Müritz aufgespült, um einen Durchbruch der See bei Unwetter zu verhindern und die Bademöglichkeiten zu verbessern.

Kurznachrichten

In Lissakowo, in **Kasachstan**, wird in Kürze im Tagebauverfahren eine **Brauneisenerzlagerstätte** abgebaut werden. Die ermittelten Erzbestände, die sich über 100 km hin erstrecken, übersteigen 2 Mrd. t. In zwei Anlagen sollen jährlich je 36 Mill. t Erz gewonnen werden.

In der **Sowjetunion** ist auf der Kolahalbinsel eine große **Goldlagerstätte** entdeckt worden. Nach ihren Ausmaßen, die nicht näher bezeichnet wurden, soll sie eine der größten der Welt sein.

Die neue **Kupfer-Zink-Erzmine** Näsliden, im schwedischen **Lappland**, hat seit kurzem den Betrieb aufgenommen. Der Erzkörper erstreckt sich über 150 km Länge. Die Mächtigkeit schwankt zwischen 4 und 24 m. Es ist geplant, jährlich 200000 bis 250000 t Erz vollmechanisiert zu fördern.

In **Westaustralien**, in der Nähe des Ashburton Goldfield, ist eine neue **Kupferlagerstätte** entdeckt worden. In den bisher untersuchten Proben sollen Cu-Gehalte bis zu 13,5% gefunden worden sein. Die Erkundungsarbeiten sind noch nicht abgeschlossen.

Die Vorräte der Tiefbaumine El Teniente in **Chile** werden auf 2,9 Mrd. t **Kupfererz** geschätzt. Der Durchschnittsgehalt soll 1,02% Cu betragen. Im Jahre 1969 betrug die Produktion 187000 t Kupfer und 2710 t Molybdänit mit 1625 t Molybdäninhalt.

Größere **Eisen-, Nickel- und Chromerzlagerstätten** sind in der Nähe der Dörfer Lipovac und Brezovac, in der **SFR Jugoslawien**, festgestellt worden. Der Gesamterzkörper wird mit 20 Mill. t angegeben. Der Eisengehalt soll 45%, der Nickelgehalt 1,31% betragen.

Im australischen Bundesland **Neusüdwales** wird im Laufe dieses Jahres mit der **Antimonförderung** begonnen. Die abschließende Begutachtung der Lagerstätte ergab einen Vorrat von 163000 t Erz mit 4% Antimon. Die Fördermenge soll zunächst 300 t pro Tag betragen.

Kürzlich wurden im Donezbecken, in der **UdSSR**, in nur 750 m Teufe mehrere **Kalisalzlagerstätten** entdeckt. Die Vorräte werden mit über 1 Mrd. t angegeben.

Die **Ungarische VR** will die **Kohlensäureproduktion**, die derzeit 35000 t/a beträgt mit demnächst 90000 t/a fast verdreifachen. Die Vorräte der dortigen Kohlensäurelagerstätten werden bereits auf 20 Mrd. m³ geschätzt. Der Kohlendioxidgehalt beträgt fast 95%; das Gas ist also nahezu rein.

Sowjetische Geologen und Ingenieure haben im **Pamirgebirge** mit dem Abbau einer **Lasuritlagerstätte** begonnen. Das Grubenfeld kann nur durch Hubschrauber erreicht werden. Die Qualität dieser Halbedelsteine wird als die beste der Welt bezeichnet. Vorratsangaben wurden bisher nicht gemacht.

Herausgeber: Zentrales Geologisches Institut im Auftrag des Staatssekretariats für Geologie beim Ministerrat der Deutschen Demokratischen Republik. Für die kollektive Chefredaktion: Dr. K. Kauter (Redaktionssekretär), Berlin. Redaktion: 1054 Berlin, Kastanienallee 69 (Fernsprecher 226 20 80 u. 226 20 81). Verlag: Akademie-Verlag GmbH, 108 Berlin, Leipziger Str. 3–4 (Fernsprecher 22 04 41, Telex 011 20 20, Postscheckkonto: Berlin 350 21). Bestellnummer des Heftes 1047/17/11. Alleinige Anzeigenannahme DEWAG-WERBUNG, 102 Berlin, Rosenthaler Str. 28–31, und alle DEWAG-Betriebe in den Bezirksstädten der DDR. Exportpreis: 6,– M, Sonderpreis für die DDR: 2,– M je Heft. — Satz und Druck: VEB Druckhaus „Maxim Gorki", 74 Altenburg. Veröffentlicht unter der Lizenznummer 1279 des Presseamtes beim Vorsitzenden des Ministerrates der Deutschen Demokratischen Republik, Kartengenehmigung Nr. 383/71

34114

ABHANDLUNGEN

des Zentralen Geologischen Instituts

Bisher erschienen

D. Franke

Stratigraphisches Korrelationsschema für das Silur der Deutschen Demokratischen Republik und angrenzender Gebiete

1964 – 36 Seiten – Anlageband mit 6 Tabellen – Halbleinen 10,– M

Heft 1

10 Jahre Paläontologie. Bericht über das Jubiläums-Kolloquium des Bereiches Paläontologie im Zentralen Geologischen Institut

1965 – 313 Seiten – 12 Abbildungen – 8 Tabellen – 24 Bildtafeln – Halbleinen 15,– M

Heft 2

H. Kado, F. Reuter, G. Bachmann

Die ingenieurgeologischen Eigenschaften der wichtigsten Lockergesteine der DDR unter Berücksichtigung ihrer Genese und physikalischen Kennzahlen

1966 – 134 Seiten – 107 Abbildungen – 15 Tabellen – Anlageband – Halbleinen 15,– M

Heft 3

Kolloquium aus Anlaß des 15jährigen Bestehens der Arbeitsgruppen Ingenieurgeologie am 20. und 21. Mai 1965 in Berlin

1965 – 97 Seiten – 2 Karten – 22 Abbildungen – 6 Tabellen – Halbleinen 15,– M

Heft 4

D. Rau

Untersuchungen zur Morphologie und Genese der Lößböden im Thüringer Becken

1965 – 71 Seiten – 12 Abbildungen – 14 Tabellen – Halbleinen 10,– M

Heft 5

I. Diener

Stratigraphisches Korrelationsschema für die Kreide der Deutschen Demokratischen Republik und angrenzender Gebiete

1966 – 137 Seiten – 6 Abbildungen – 3 Text-Tabellen – 12 Anlagen-Tabellen – Halbleinen 15,– M

Heft 6

H. Pfeiffer

Stratigraphisches Korrelationsschema für das Devon der Deutschen Demokratischen Republik und angrenzender Gebiete

1967 – X und 74 Seiten – 1 Abbildung – 4 Text-Tabellen – 5 Anlagen-Tabellen – 1 mehrfarbiges Profil – Halbleinen 15,– M

Heft 8

H. Döring, W. Krutzsch, D. H. Mai, E. Schulz

Erläuterungen zu den sporenstratigraphischen Tabellen vom Zechstein bis zum Oligozän

1966 – 149 Seiten – 8 Anlagen-Tabellen – Halbleinen 15,– M

Heft 9

Instruktion für die Anfertigung einheitlicher ingenieurgeologischer Grundkarten

1967 – VIII und 35 Seiten – Farb- und Zeichenerklärung – 9 Anlagen – Halbleinen 15,– M

Heft 10

Klimaänderungen im Tertiär aus paläobotanischer Sicht

1967 – LII und 228 Seiten – 28 Abbildungen – 11 Bildtafeln – Halbleinen 30,– M

Heft 11

H. Kästner

Zur Geologie der Kalisalz- und Kohlensäurelagerstätten im südlichen Werra-Kaligebiet

1969 – XI und 96 Seiten – 23 Abbildungen – 2 Tabellen – Halbleinen 25,– M

Heft 13

P. Puff

Über den Unteren Buntsandstein am Südrand des Thüringer Beckens

1969 – VII und 97 Seiten – 25 Abbildungen – 13 Tabellen – Halbleinen 25,– M

Heft 14

Autorenkollektiv

Engineering-Geological Mapping in the Countries of the Council of Mutual Economic Aid

1968 – X und 148 Seiten – 28 Abbildungen – 6 Tabellen – 10 Anlagen – Halbleinen 30,– M

Heft 16

H. Lange, C. Schröter

Bibliographie der geologischen Wissenschaften für die Deutsche Demokratische Republik, Veröffentlichungen des Jahres 1967

1969 – 279 Seiten – Halbleinen 40,– M

Heft 20

H. Lange, C. Schröter

Bibliographie der geologischen Wissenschaften für die Deutsche Demokratische Republik, Veröffentlichungen des Jahres 1968

1970 – 305 Seiten – Halbleinen 40,– M

In Vorbereitung befinden sich

Heft 15

H. Pfeiffer

Stratigraphisches Korrelationsschema für das Dinant der Deutschen Demokratischen Republik

Heft 17

C. Adam

Beiträge zur Kenntnis der Kaoline und Tertiärtone in Nordostsachsen

Heft 19

P. Krüger

Die Verteilung der Schwefelisotope in sedimentären Eisensulfiden unter Berücksichtigung der Redoxbeziehungen im Bildungsraum

Heft 21

H. Wiefel

Die geologische Entwicklung der Lahn-Dill-Erzlagerstätte Görkwitz bei Schleiz (Oberdevon und tiefes Dinant, Thüringisches Schiefergebirge)

Bestellungen nimmt die Vertriebsstelle des Zentralen Geologischen Instituts, 104 Berlin, Invalidenstraße 44, entgegen.

Bei Fragen zur Produktsicherheit wenden Sie sich bitte an:
If you have any questions regarding product safety,
please contact:

Walter de Gruyter GmbH
Genthiner Straße 13
10785 Berlin
productsafety@degruyterbrill.com